JN192214

本当に実務に役立つ

プリント配線板の研磨技術

小林 正／雀部俊樹／片庭哲也／秋山政憲／長谷川堅一【著】
神津邦男【監修】

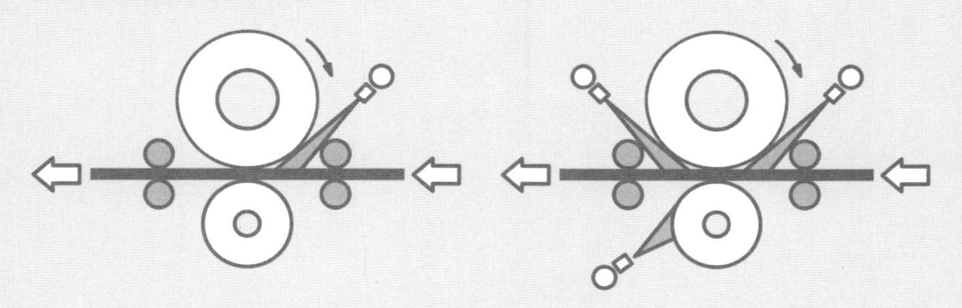

日刊工業新聞社

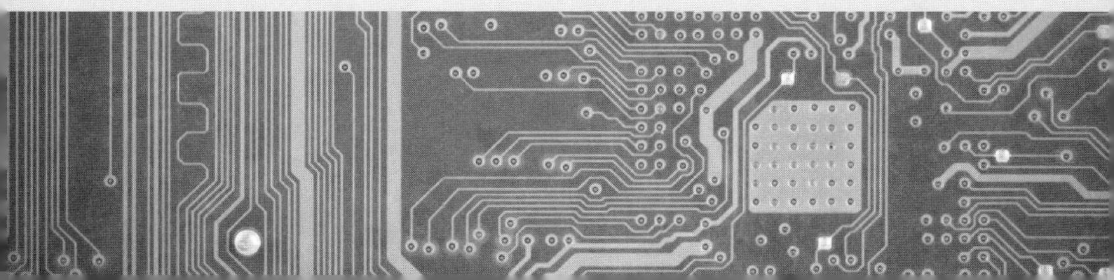

推薦のことば

プリント配線板の製造工程は数多くのユニットプロセスの組合せで成り立っており、そのプロセスで化学的、機械的な加工を行っております。その表面は常に清浄なものである事が必要です。それぞれのプロセスの処理を行うためには、表面の前処理として、必ず機械的処理、化学的処理を行います。また、プロセスの処理の完了時にも、次の工程のために表面処理が行われます。ユニットプロセスの内容により、選ばれる表面処理の方法が異なりますが、プリント配線板の製造工程において、この前後処理を適切に行う事により、信頼性の高い製品を完成することが出来るのです。しかし、この前後処理としての研磨については一般の関心が薄いことが懸念されます。

本書は表面処理の主要な研磨技術について系統的に説明したもので、広範な知識を有する著者により、広範な研磨技術について、重要性とともに、研磨の基礎の理論を広く説き起こし、その知識の上に、プリント配線板のそれぞれのユニットプロセスに合わせた最適な方法を具体的に示し、詳細な解説を行っています。すなわち、レジストの適用のための研磨、積層接着に最適な研磨、穴開けの時に発生するバリの除去、めっきのための研磨、など個々のプロセスごと最適な表面を得るための技術が詳細に説明されています。

現在、IoT システムについて各方面より注目が集まっています。IoT のシステムが高速、高信頼性であるためには電子回路、電子機器の基礎部品としてプリント配線板は重要なものであり、前処理としての研磨技術は今後ますます注目される技術と言えます。

これまで、プリント配線板について、前後処理としての研磨技術について、総合的に記述された成書は見当たらず、本書が産業界に大きく貢献するものと考え推薦する次第です。

高木　清

高木技術士事務所

はじめに[*1]

プリント配線板の製造工程には「研磨」という工程がいくつもある。「穴あけバリ取り研磨」であったり、「○○前研磨」（○○にはドライフィルムラミネートとか、ソルダーレジスト塗布とか、さまざまな工程名が入る）であったりする。**図1**にその概略を示す。

一方、もうすこし一般的にプリント配線板以外の業界もながめて見ると、機械加工では、「切削」、「研削」などとならんで「研磨」という加工方法もあり、また化学加工の分野では「化学研磨」、「電解研磨」などの用語が用いられている。これらの「研磨」という加工方法は、プリント配線板製造で用いられている「研磨」加工とは、意味する範囲がすこし違うようである。

さらに一般的に考えて見ると、もともと「研磨」ということばは、研(と)ぎ磨(みが)くと分解でき、この「磨き」の技術は、遠く縄文時代の磨製石器の製作から、今日のほとんどすべての製品の加工に用いられている。その目的も、**表1**に示すように、装飾品に光沢を持たせる磨き、切れ味を高めるための刃物の研磨、鏡面仕上げと寸法・形状仕上げの両方が求められるレンズやシリコンウェハーの研磨など多岐にわたる。

研磨法は研磨対象や要求品質によって異なり、手磨きからラッピング、ポリシング、砥石研削、バフ研磨、電解研磨まで多様な方法が用いられている。目標とする品質も、光沢度、表面粗さ、清浄性、表面皮膜の除去などさまざまである。

研磨には、ノウハウが非常に多いといわれる。加工品の材質に見合った研磨資材（砥粒、加工液、研磨工具など）および加工品の形状、要求される加工精度に適した研磨装置の選択と操作には深い知識や経験が必要とされる。過去、

＊1　本章は日本電子回路工業会発行「JPCA news」誌 2015 年 5 月号に掲載された記事「電子回路における研磨加工の基礎と最前線」（小林正）をもとにしている。

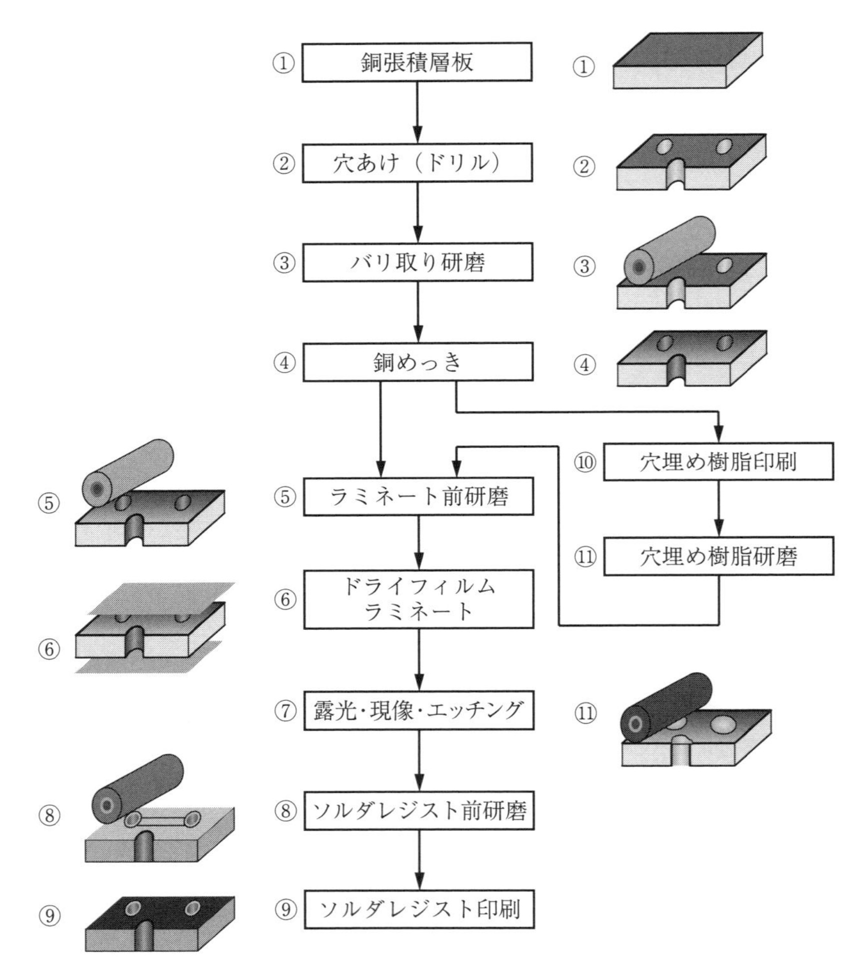

図はスリーエムジャパン株式会社提供の図をもとに作成

図１　プリント配線板の製造工程と研磨

光学部品メーカーでは研磨の技能および技能者が大切にされてノウハウは門外不出とされていたが、今も技能者の勘に頼る部分が多いといわれる。

では、プリント配線板で研磨はどんな役割を果たしているだろうか。プリント配線板は数多くの工程を経てつくられるが、そのほとんどの工程の前後で研

表１　研磨の目的と用途

目　的	評価基準	用途、適用分野	研磨方法
装飾性の向上	光沢度	ステンレス製品	バフ、電解研磨
鏡面化	表面粗さ	反射鏡、建物内外装材	ポリシング
転写、剥離性向上	*Ra*	金型	手磨き
下地面処理	清浄姓	めっき、塗装等の前工程	バフ研磨、電解研磨
表面粗さの微小化、高品質鏡面化	*Rz*、*Ra*	半導体ウェハー、ガラスマスク	超精密ポリシングなど
無撹乱面をつくる	欠陥除去	半導体ウェハー	ケミカル・メカニカル・ポリシング（CMP）

（独立行政法人　産業技術総合研究所「研磨データベース」http://www.monozukuri.org/mono/db-dmrc/polishing/index.html より抜粋）

磨が行われる。そして、工程ごとに研磨対象物（中間工程品）の形状、材質や求められる仕上がりが異なるため、異なる研磨法が用いられる。研磨は穴あけ、めっき、パターン形成などメイン加工の扱いはされていないが、プリント配線板の品質を大きく、ときに致命的に左右する重要工程である。そして、プリント配線板製造での研磨には、半導体ウェハーなどの研磨とは大きく異なる独特のむずかしさがある。主なものを次に挙げる。

A）　対象物が薄い樹脂材で変形しやすい（薄いものは 50 μm 厚でお金の新札並み）。

B）　対象物の表面材質が１種類でない（金属と樹脂が混在）。

C）　対象物の表面に凹凸（プロファイル）があり、プロファイルに沿った磨きが要求される。

D）　対象物に「うねり」があり、うねりに沿った磨きが要求される。

近年、プリント配線板のパターン微細化、高密度化、薄厚化に対応するため研磨の難度が増している。研磨機や研磨バフのメーカーからは、どの工程ではどんな研磨機、研磨治具が適切かについてノウハウが示されている。しかし、原理がよくわかっている製造技術者向けのためか、なぜその研磨法・治具が適切なのかの説明は少ないようだ。

モノの機械加工には、切削、研削、研磨など似た用語が用いられるが、加工の内容は違っている。

切削：ドリルビット、バイトなど刃物で加工物を削る加工。使用する装置は旋盤、フライス盤、ボール盤など。

研削：砥石などを使って加工物を所定寸法に仕上げる加工。研磨ベルトや砥石を使って「削る」加工で、加工物の粗い表面やバリを削り、寸法を出す。使用する装置は平面研削盤など。

研磨：加工物の表面を一定プロファイルに仕上げる加工。バフなどを使って「磨く」加工で、加工物の形状変化はほとんどない。使用する装置はバフ研磨機、ブラシ研磨機など。

プリント配線板の加工では、穴あけ、外形加工は「切削」であり、めっきやパターン形成前後の表面の仕上げは「研磨」である。ただし、各工程での研磨には適度の研削の要素を取り入れることが必要になる。プリント配線板の製造では研削と研磨に境目がなく連続しており、通常両方含めて研磨と呼ばれる。

表１は主な研磨の目的・用途をまとめたものである。研磨が幅広い用途に使われ、さまざまな研磨方法、評価基準が用いられることがわかる。しかしこの表にプリント配線板は登場しない。比較的近いのは「下地面処理」だが、その評価基準は清浄性となっている。プリント配線板製造でも清浄性は重要な品質項目であるが、それ以外に欠かすことのできないプリント配線板特有の項目がたくさんある。表１に載っている研磨がすべて「同質材料の平面研磨」なのに対し、プリント配線板の研磨には上記A)～D) に挙げた固有の制約があるからである。

本書は、プリント配線板の製造に関わる設計者・技術者向けに、プリント配線板製造における研磨技術（機械研磨および化学研磨を扱う）の基本を説明し、個々の工程での研磨技術の方法や品質管理の方法、さらに今後の課題と開発動

向までを解説する。

この本は3部からなり、第1部では研磨技術の基本およびその技術の配線板製造工程での応用と品質管理方法を扱い、第2部では研磨に用いる材料（研磨材、砥粒）および研磨装置の基本的技術を説明する。そして第3部は研磨各論としてプリント配線板の各工程での研磨技術の応用を詳細に説明し、トラブルシューティング事例も紹介する。

目　次

第３章　研磨工程の目的　53

第４章　研磨の品質管理のための手法　63

第２部　プリント配線板の研磨に用いる材料と装置

第５章　機械研磨　85

第８章　研磨のトラブルシューティング　191

コラム

■**執筆担当**

小林正	「はじめに」および5.1節（共）
雀部俊樹	第1章〜第4章、6.1節および7.4節
片庭哲也	5.1節（共）および6.2節
秋山政憲	5.2節〜5.3節、6.3節、7.1節〜7.3節および8.2節（共）
長谷川堅一	8.1節、8.2節（共）および8.3節〜8.5節

（担当章節順。（共）は共同執筆）

第１部

プリント配線板製造工程における研磨技術

第1章

研磨とは何か

1.1　機械加工の分類

機械加工の基本的な原理は、工作物（ワーク work）を工具（ツール tool）によって加工することにある。

例えば旋盤による加工は、回転させたワークに、工具の刃物（バイト）を当てて削りとり、ワークを目標の形状に加工する方法である。このような単一の刃物による加工が、切削加工（cutting）である。切削加工には、フライス加工、穴あけ加工などさまざまな加工法が含まれる。

単一の刃物ではなく、硬くて微細な粒子、すなわち砥粒（abrasive）を大量に用いて加工をする方法もある。これが砥粒加工である。砥粒を結合材によって固めた工具（砥石）を高速回転してワークを削り取る研削加工（grinding）はこの一例である。**図1.1**に研削加工の方法を、**図1.2**に切削と研削の加工方法の相違を示す。

研削加工のように、砥粒を固めて成型して用いる加工法を固定砥粒加工という。これに対して、砥粒をバラバラのまま用いる加工法を遊離砥粒加工という。

遊離砥粒では、主に液体中に砥粒を懸濁させて（スラリーにして）用いる場合が多い（**図1.3**）。また、砥粒加工には、ブラスト加工のように、圧縮空気などを媒体として大量の砥粒をワークに吹き付けて加工する噴射加工法もある。砥粒を懸濁させた液（スラリー）を圧縮空気で吹き付ける方法もあり、これはウェットブラスト、あるいは液体ホーニングと呼ばれる（101ページのコラム参照）。

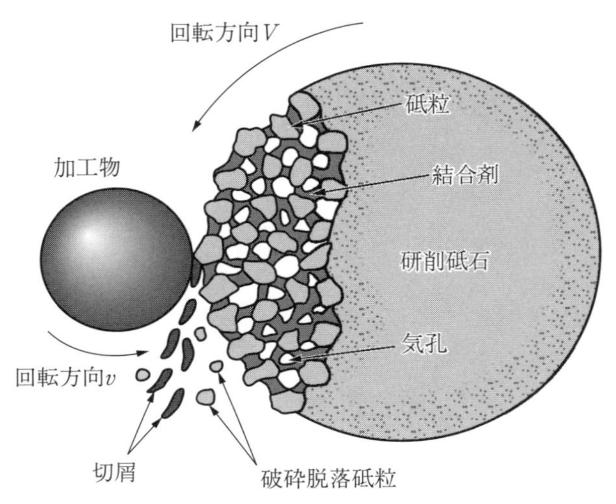

出典：海野邦昭「絵とき研削加工基礎のきそ」文献1

図 1.1　研削加工の概要

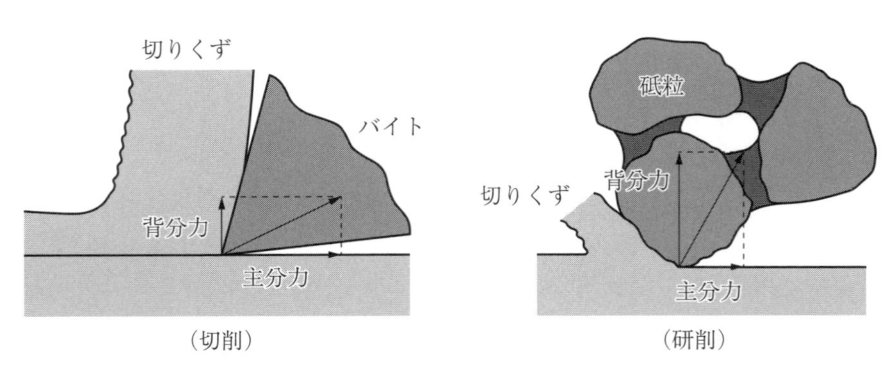

出典：海野邦昭「絵とき研削加工基礎のきそ」文献1

図 1.2　切削と研削（加工特性の違い）

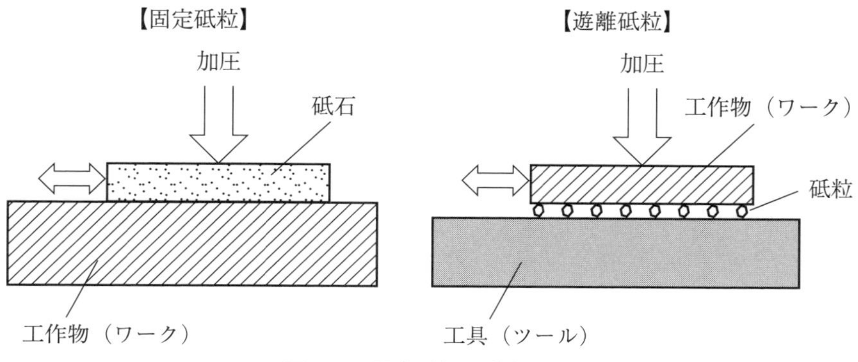

図 1.3　固定砥粒と遊離砥粒

1.2　砥粒の種類と粒度

砥粒加工に用いられる砥粒としては、一般砥粒と超砥粒に分けられる。一般砥粒は、炭化ケイ素（SiC）と酸化アルミニウム（通称：アルミナ、鉱物名：コランダム、Al_2O_3）があり、超砥粒はダイヤモンドと立方晶窒化ホウ素（cBN＝cubic BN、CBN とも表記される）がある。JIS 規格[文献2]にしたがった砥粒の分類を**表 1.1** に示す。

砥粒の大きさ（粒度）も規格によって定められている。この場合は、一般砥粒と超砥粒とでは別の規格で定められていて、さらに砥粒を用いる工具の種類によっても別の規格になっている。一般砥粒の場合にはさらに砥粒の大きさにより粗粒と微粉に分けて規定されている。それぞれ、粒度の呼び方が異なる。以下に概略を述べる。

一般砥粒に関しては、研磨布紙（サンドペーパーや研磨ベルトなど）などに用いられる砥粒は JIS R 6010[文献3]に規定があり、粒度は粗粒が P12 から P220 までの 15 種、微粉が P240 から P2500 までの 13 種の粒度が定められている。数字が大きい方が細かい。

研削砥石用の一般砥粒については JIS R 6001 によって定められている。この規格は第 1 部[文献4]が粗粒を、第 2 部[文献5]が微粉を定めている。粗粒は F4 から F220 まで 26 段階が規定され、微粉は一般研磨用として F230 から F2000 の 13

表 1.1　砥粒の種類

	区　分	種　類	記　号	製法及び性状
一般砥粒	アルミナ質研削材	褐色アルミナ研削材	A	主としてボーキサイトから成るアルミナ質原料を電気炉で溶融還元し、凝固させ、主成分がアルミナから成り、適量の酸化チタニウムを含む塊を粉砕整粒したもの。主として酸化チタニウムを固溶したコランダム結晶から成り、全体として褐色を帯びている。
		白色アルミナ研削材	WA	バイヤ法で精製したアルミナを電気炉で溶融し、凝固させた塊を粉砕整粒したもの。コランダム結晶から成り、全体として白色を帯びている。
		淡紅色アルミナ研削材	PA	バイヤ法で精製したアルミナに適量の酸化クロム、必要に応じて酸化チタニウムから成る原料を加え、電気炉で溶融し、凝固させた塊を粉砕整粒したもの。添加成分を固溶したコランダム結晶から成り、全体として淡紅色を帯びている。
		解砕形アルミナ研削材	HA	ボーキサイト又はバイヤ法で精製したアルミナから成るアルミナ質原料を電気炉で溶融し、凝固させた塊を解砕し整粒したもの。主としてコランダムの単一結晶から成る。
		人造エメリー研削材	AE	主としてボーキサイトから成るアルミナ質原料を電気炉で溶融還元し、凝固させた塊を粉砕整粒したもの。主としてコランダム結晶とムライト結晶から成り、全体として灰黒色を帯びている。
		アルミナジルコニア研削材	AZ(25) AZ(40)	主としてバイヤ法で精製したアルミナにジルコニア質原料を加え、電気炉で溶融し、凝固させた塊を粉砕整粒したもの。主としてコランダム結晶とアルミナジルコニア共晶部分とから成り、全体としてねずみ色を帯びている。ジルコニア含有率の異なる AZ(25) と AZ(40) がある。
	炭化けい素質研削材	黒色炭化けい素研削材	C	主としてけい石、けい砂から成る酸化けい素質原料とコークスとを電気抵抗炉で反応生成させた塊を粉砕整粒したもの。α 形炭化けい素結晶から成り、全体として黒色を帯びている。
		緑色炭化けい素研削材	GC	主としてけい石、けい砂から成る酸化けい素質原料とコークスとを電気抵抗炉で反応生成させた塊を粉砕整粒したもの。α 形炭化けい素結晶から成り、C より高純度で全体として緑色を帯びている。
超砥粒	ダイヤモンド	天然ダイヤモンド	D	炭素（C）の同素体の 1 つであり、天然で最も硬い物質である。熱伝導性にも優れている。Fe、Co、Ni とは高温下で化学反応を起こすので、鉄系金属の研削には向かない。
		合成ダイヤモンド	SD	人工的に合成したダイヤモンド。製造法としては、高温高圧法（HTHP 法）あるいは化学気相蒸着法（CVD 法）が用いられる。
		金属被覆合成ダイヤモンド	SDC	熱伝導性およびボンドとの密着性を上げるために、金、ニッケルなどの金属でコーティングした合成ダイヤモンド砥粒。
	CBN	立方晶窒化ほう素	BN	六方晶窒化ほう素から高温高圧法（HTHP 法）により合成したもの。ダイヤモンドに次ぐ硬度を有する。鉄系金属との反応性が低いため、鋼類の研削に使用される。
		金属被覆立方晶窒化ほう素	BNC	熱伝導性およびボンドとの密着性を上げるために、チタン、ニッケルなどの金属でコーティングした立方晶窒化ほう素。

◆ 一般砥粒の製法と性状は JIS 規格（JIS R 6111[文献2]）による。
◆ 超砥粒の分類と記号は JIS 規格（JIS B 4131[文献7]）による

段階および精密研磨用として＃240から＃8000の18段階の粒度[*1]が規定されている。

超砥粒（ダイヤモンドとcBN）に関してはJIS B 4130[文献6]によって定められている。粒度の表示方法はA方式（米国式）とB方式（ふるい（篩）の目開き（μm単位）の値にもとづくISO準拠の方式）の2種類があり、許容される粒度の範囲によってナローレンジとワイドレンジの2区分がある。A方式（米国式）はふるい分けする上下のふるいのメッシュを用いて50/60のような表記、B方式は301（300 μmのナローレンジ）[*2]のような表記になる。

伝統的には、砥粒のような粒子の大きさは、ふるいを用いて通るものと通らないものに分けることにより、測定されてきた。一方、ふるいのの目開きの大きさは、慣用的にはメッシュ数（1インチ（＝25.4 mm）あたりの目の数）によって表現されてきた（**図1.4**）。現在は個々の規格で定義や測定法は異なるが、このメッシュ数による粒度の表現という伝統は引き継がれている。なお、測定法に関してはコラム「砥粒の大きさの測定法」を参照。

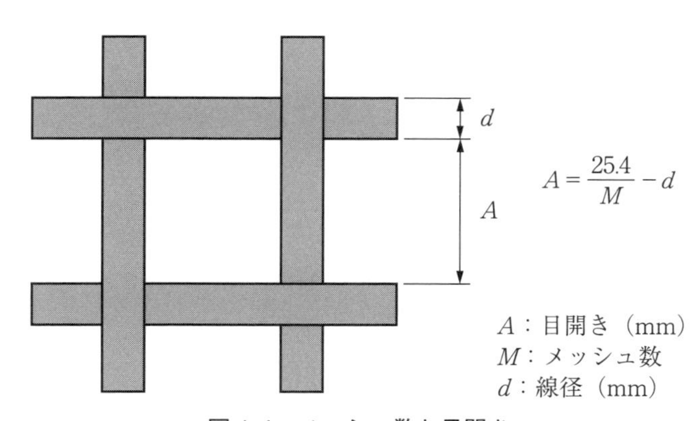

図1.4　メッシュ数と目開き

＊1　JISが定める粒度の読み方によると、F、Pなどはそのまま「エフ」「ピー」と読み、＃の場合は数字の最後に「番」を付けて読む。例えばP230は「ピー230」、＃240は「240ばん」と読む。なお、＃はナンバーサイン（番号記号）であり、シャープ記号（♯）ではないことに注意。

＊2　目開きの値に1を加算した表記がナローレンジ、2を加算したものがワイドレンジを示す。

砥粒が実際にプリント配線板の研磨で使用される場合の詳細については、後の5.1節で説明する。

1.3　固定砥粒加工

固定砥粒加工の例として砥石を例にして説明しよう。

砥石は砥粒を結合材で固めたものであり、その構成要素は**図1.5**のように砥粒、気孔、結合材の三つからなる[文献8]（気孔も、切り屑を排出するチップポケットとして働く、重要な構成要素である）。砥粒ひとつひとつの切削能力は小さくても、それが多数存在すること、またひとつの砥粒が摩耗あるいは脱落して切削できなくなっても、次の砥粒が変わって切削を続けることによって、均一な切削能力を維持する。

このような加工方法であるから、砥粒の摩耗・脱落、それにともなう結合材の脱落、および加工物（ワーク）の除去された部分（切り屑）の排出など、加工中に発生する不要物を系外に除去することも重要である*3。

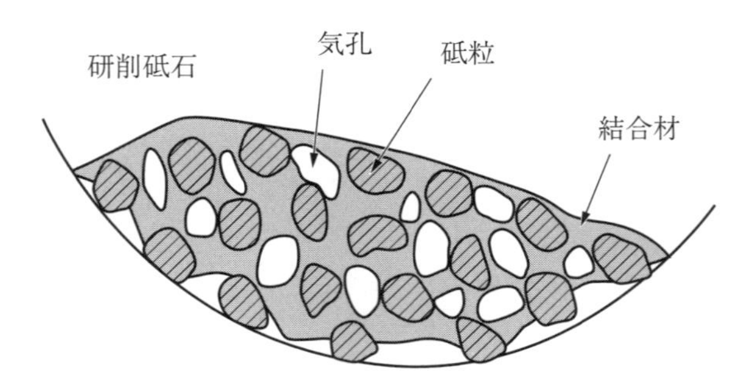

砥　粒：高硬度材料であり、工作物を微少切削する
結合材：砥粒を砥石に固定し、かつ砥石全体の形状を維持する
気　孔：切りくず、研削液などを一時的にためる空間を提供する

図1.5　砥石の構成要素[文献8]

＊3　特にプリント配線板の製造の場合には、研磨屑がたまりやすいスルーホールやビアホールがあるため、また研磨屑が発生しやすい不織布バフロールを用いているため、十分な洗浄が必要になる。このような不織布バフロールの研磨屑を、慣用的には『バフカス』と称している。

砥粒の結合材（ボンド材とも称する）の代表的なものには、ビトリファイド（セラミック）、レジノイド（熱硬化樹脂）、メタル（金属）、電着（電気めっき）がある（**表1.2**）。

この、砥粒、気孔、結合材という研磨材の3要素は、砥石以外でも固定砥粒加工の工具には通用する概念である。

固定砥粒加工はさらに運動制御方式と圧力制御方式に分けることができる[文献9]。運動制御方式というのは、工具によってワークに一定の切り込みを与え、工具の運動軌跡をワークに転写する方法である（寸法を制御する方法）。一方、圧力制御方式というのは、工具とワークに一定の負荷をかけて圧力を与え、押しつけながら相互に動かす（こすり合わせる）方法である（**図1.6**）。

運動制御方式によって、ワークの寸法を目的の値に加工し、寸法の最後の微調整と表面仕上げを圧力制御方式が担当する、というのが通常の流れである。

なお運動制御／圧力制御の区分に関しては強制加工／圧力加工あるいは定寸切り込み／定圧切り込みのような用語を使う場合もあるが、どれも同じ概念を指している。

以上をまとめると、全体像は**図1.7**のようになる[文献10]。

表1.2　結合材の種類

結合材の種類		記号	材　料
無機系	ビトリファイド	V	粘土、長石、ガラスなど
	シリケート	S	ケイ酸ソーダ（水ガラス）
	マグネシア、あるいはオキシクロライド	O	マグネシアオキシクロライド（マグネシアセメント）
有機系	レジノイド（レジン）	B	フェノール樹脂など
	ゴム（ラバー）	R	ゴム
	ポリビニルアルコール	PVA	発泡ポリビニルアルコール＋樹脂含浸
	シェラック	E	シュラック（天然樹脂）
金属系	メタル	M	ブロンズ系など
	電着	P	ニッケル電着（電気めっき）など

超砥粒のJIS規格（JIS B 4131[文献7]）では、このうちV、B、M、Pが規定されている。

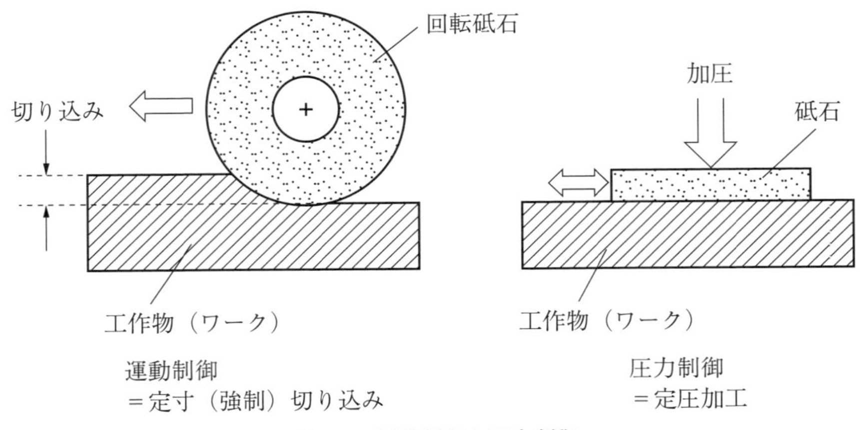

図 1.6　運動制御と圧力制御

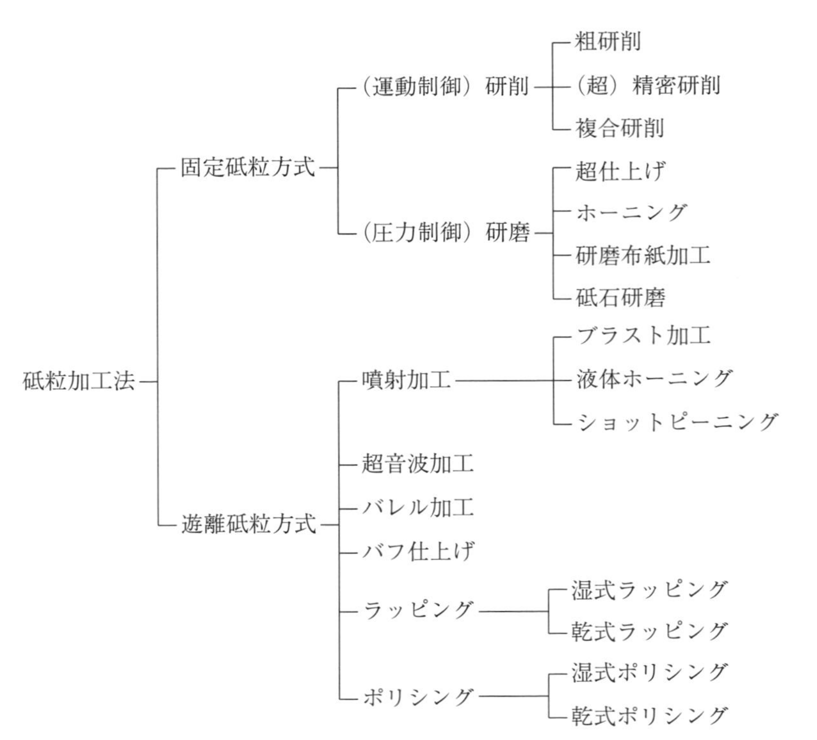

出典：安永暢男：「はじめての研磨加工」文献9

図 1.7　砥粒加工法の種類

1.4　機械加工における「研磨」の位置付け

いままでの説明のなかには、まだ「研磨」という用語は出てきていないが、これらの砥粒加工の知識にもとづき、「研磨」という用語の示す範囲を説明しておく。

機械加工における研磨という用語の用い方は若干あいまいなところもあるが、次のような意味で使われている。

- 固定砥粒加工においては、研削を除いた「圧力制御方式」による加工
- 遊離砥粒加工のすべて

このような広い概念の用語であるため、狭い意味にとらえて（すなわち英語の polishing の訳語として）、遊離砥粒加工の中の「ポリシング」のみを指すと考えてはならない。

1.5　機械加工以外の研磨

加工方法には、機械的加工以外にも、化学的加工（エッチングなど）、電気的加工（放電加工など）、光学的加工（レーザー加工など）がある。

研磨にも、化学的な手法として化学研磨（chemical polishing）、電解研磨（electropolishing）がある。これらは機械加工における狭い意味の研磨（「ポリシング」）と同等の加工を、化学的あるいは電気化学的加工により実現する方法である。すなわち、機械加工無しに金属表面の微細な凹凸を除去し、平滑面・光沢面を得る方法である。

化学研磨の代表的な例としては、銅・黄銅表面の「キリンス仕上げ」がある。

電解研磨は、ステンレス容器の内側の鏡面仕上げなど、さまざまな用途に用いられている。

コラム

砥粒の大きさの測定方法

砥粒のような粒子の大きさ（径）にはばらつきがある。したがって、粒径がどのように分布しているのかを見る必要がある。典型的な粒子の径の分布は**図 1.8** のようになる。横軸が粒子径である。ヒストグラムで表しているものが頻度分布（各範囲には全体の何パーセントが入っているかを示したもの）である。線で示したのは累積分布であり、その点の径よりも小さい（あるいは大きい）粒子が全体の何パーセントあるかを累積して示したものである。ちょうどその径を通すふるいを通った割合（ふるい下）と通らなかった割合（ふるい上）のグラフになる。

砥粒の粒度（砥粒の粒度の大きさ）の規格では、この累積分布の値を用いて粒度を規定している。

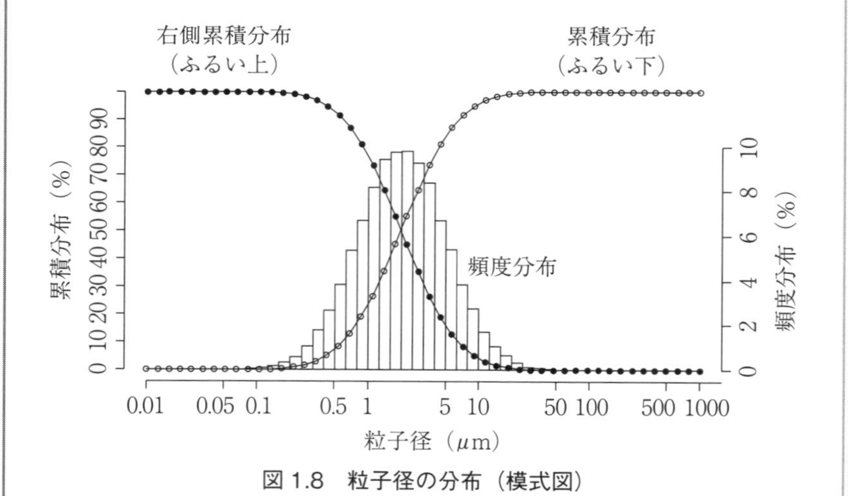

図 1.8　粒子径の分布（模式図）

以下に、砥粒の粒度の測定法と、その測定法による粒度規格の規定方法を説明する。

(1) ふるい分け法

図 1.9 のように、目開きが大きいものから小さいものまで、複数のふるいを重ねてふるい分けを行い、各ふるいに残った粒子の重さ（最後のふるいを通った分の重さを含む）を計量し、その割合（パーセント）から分布を求める方法である。

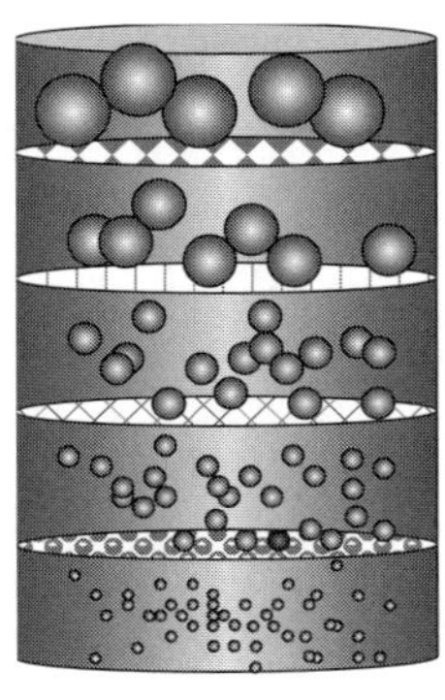

数種類の目開きのふるいを用いてふるい分けを行い、各ふるいの上に残った粒子の重さを計り、その割合から分布を求める手法

資料提供：株式会社堀場製作所

図 1.9　ふるい分けによる方法

例えば、JIS R 6001-1[文献4] では粒度 F100 の規格値としては**表 1.3** のように定められている。分布の中央の範囲に関しては最小値（すなわちこれ以上含まなければいけないという値）が決められ、分布の上端・下端の範囲では最大値（すなわちこれ以上含んではならないという値）が定められている。このような形で粒度分布を定めている。砥粒に関する他の JIS 規格でも、同様の規定が定められている。

表 1.3　ふるい分け法の実例（粒度規定法の一例）

<table>
<tr><th>段</th><th>篩（ふるい）の目空き</th><th colspan="2">質量分率の規定</th></tr>
<tr><td>1 段目</td><td>212 µm</td><td colspan="2">ゼロ（全量通過）</td></tr>
<tr><td>2 段目</td><td>150 µm</td><td colspan="2">20 %以下</td></tr>
<tr><td>3 段目</td><td>125 µm</td><td>40 %以上</td><td rowspan="2">合計 65 %以上</td></tr>
<tr><td>4 段目</td><td>106 µm</td><td>—</td></tr>
<tr><td>5 段目</td><td>75 µm</td><td colspan="2">3 %以下</td></tr>
</table>

- JIS R 6001-1[文献4] の表 3 から粒度 F100 の欄のデータを抜き出して整理したもの。
- 目空きは公称値（公称目空き）。
- ここで○○以上としたのは JIS で規定された「ふるい上に残らなければならない最小質量分率」、○○以下としたのは「ふるい上に残ってもよい最大質量分率」である。

(2) 液相沈降法

液中に入れられた粒子は重力により沈降する。その時、粒子が液体から受ける抗力は、粒子径、流体粘度および粒子の沈降速度に比例する（ストークスの法則）。そして密度（ρ_0）、粘性係数（η_0）を持つ溶媒中に存在する直径（D）、密度（ρ）の粒子が沈降する速度（v）は、

$$v=\frac{D^2(\rho-\rho_0)g}{18\eta_0}$$

となる（ストークスの式）。したがって、**図 1.10** のように、大きな粒子のほうが速く沈降し、小さな粒子はゆっくりと沈んで行く。沈降中の粒子の量を一定の位置（図の「測定面」）で測定し、その経時変化から粒子の分布を求めることができる。

砥粒の測定法の JIS 規格では、測定法として X 線透過量を測定する方法が「X 線透過沈降試験方法」として定められている。

また、液体を入れた長い沈降管（使用部分の高さ 1 m）の上から砥粒を投入し、下端の収集管に達する速度を測定して分布を求める方法も「沈降管試験方法」として規定されている。

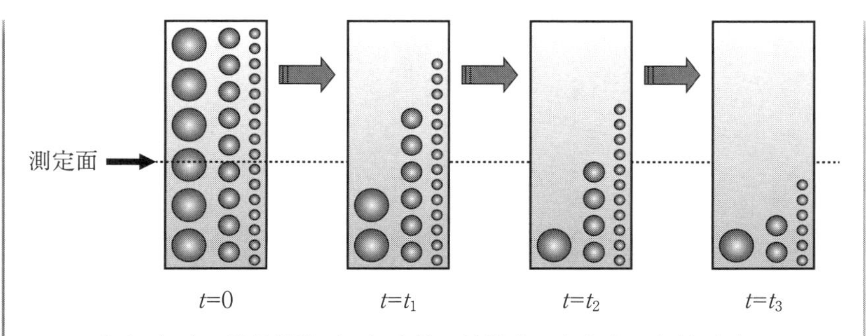

密度（ρ_0）、粘性係数（η_0）を持つ溶媒中に存在する直径（D）、密度（ρ）の粒子は、重力の影響により、ストークスの沈降式に従って一定の速度で沈降する。実際の試料においては、数々の大きさの粒子が存在し、その大きさにより沈降速度が異なる。すなわち、経時変化とともに、大きな粒子より順次沈降してゆく。

資料提供：株式会社堀場製作所

図 1.10　液相沈降法

なお、上記のストークスの法則は粒子が球形であることを仮定しているので、粒子径といってもかならずしも実際のさまざまな形をした粒子のサイズを厳密に表すものではない。あくまでも球形粒子と仮定したときに相当する球の径（ストークス径という）を表すものである。

(3) 電気抵抗法

電解質溶液（電導性の高い溶液）の中に粒子を懸濁させ、細孔を通過させる。**図1.11**のようにこの細孔を通る電気回路が形成してあり、細孔に粒子が通過する瞬間に、細孔の体積がその分減少するため、細孔の電気抵抗が上昇する。この電気抵抗の上昇はパルスとして観測され、パルスの高さが粒径を表し、パルスの数が粒子数（粒子濃度）を表す。これを解析して粒径の分布を求める。

この方法による測定器は、発明者の Wallace H. Coulter[文献11] にちなんで、コールターカウンターと呼ばれている。

砥粒の JIS 規格では、「電気抵抗試験方法」として採用されている。

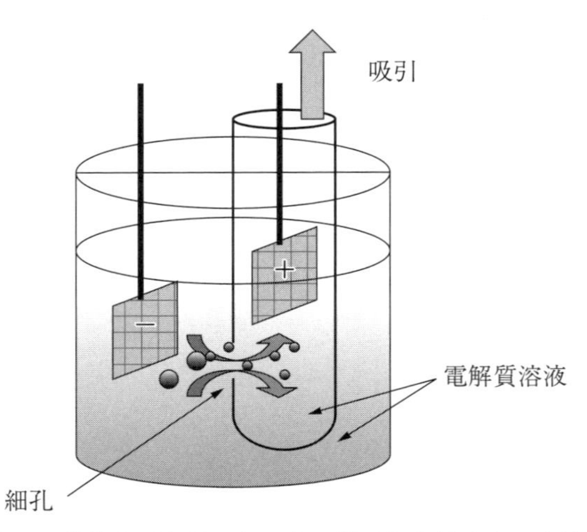

粒子の体積を電気的にとらえて粒子径を測定する方法。電解質溶液中に細孔を介して形成された電気回路を粒子が通り抜ける際に発生する電気抵抗の大きさの違いから粒子の大きさが求められる。

資料提供：株式会社堀場製作所

図 1.11　電気抵抗法

(4) パーセント値（パーセンタイル）による砥粒の規定

計測から求めた粒径分布から粒度の規格を定める際には、パーセンタイル値と中央値（50 パーセンタイル値）によって規定している。どのパーセンタイルをとるかは砥粒の用途および試験方法によって異なるが、例えば砥石用砥粒の JIS 規格[文献5]の精密研磨用微粉では、沈降管試験方法と電気抵抗試験方法に対しては、

a）累積高さ分率 0 %点の粒子径（d_{s0}）の上限値
b）累積高さ分率 3 %点の粒子径（d_{s3}）の上限値
c）累積高さ分率 50 %点の粒子径（d_{s50}）の値およびその許容差
d）累積高さ分率 75 %点の粒子径（d_{s75}）または累積高さ分率 94 %点の粒子径（d_{s94}）の下限値

が規定されている。なお、ここでの「高さ」という語は沈降管試験法での堆積高さの用語をそのまま用いたものである。計測方法によっては、累積

高さとは限らず、一般的な累積量となる。

粒径分布では粒径が大きい粒子から先に落下するため、累積値は大きい側から測った値になる。確率分布における右側確率に相当する。

【第１章　参考文献】

1．海野邦昭：絵とき研削加工基礎のきそ，日刊工業新聞社，2006

2．日本工業規格，JIS R 6111，人造研削材，1952 年制定，2005 年改訂

3．日本工業規格，JIS R 6010，研磨布紙用研磨材の粒度，1991 年制定，2000 年改訂

4．日本工業規格，JIS R 6001-1，研削といし用研削材の粒度―第１部：粗粒，2017 年制定

5．日本工業規格，JIS R 6001-2，研削といし用研削材の粒度―第２部：微粉，2017 年制定

6．日本工業規格，JIS B 4130，ダイヤモンド／CBN 工具―ダイヤモンド又は CBN と（砥）粒の粒度，1998 年制定

7．日本工業規格，JIS B 4131，ダイヤモンド／CBN 工具-ダイヤモンド又は CBN ホイール，1982 年制定，1998 年改正.

8．奥山繁樹：若手技術者のための研削工学（第２回）研削砥石の特性と使用法，砥粒加工学会誌，Vol. 59，No. 3，pp. 148-151，2015

9．宮下政和：超精密加工技術マニュアル，新技術開発センター（1985）［文献 10 の引用より］

10．安永暢男：はじめての研磨加工，東京電機大学出版局（2011）

11．Wallace H Coulter: Means for counting particles suspended in a fluid, 米国特許 2,656,508 号，1953 年 10 月 20 日

第2章

プリント配線板製造に使われる研磨技術

2.1　プリント配線板製造における機械研磨技術

2.1.1　固定砥粒研磨と遊離砥粒研磨

プリント配線板で使われる機械研磨技術には、第1章で述べた固定砥粒研磨と遊離砥粒研磨が両方とも用いられている。

固定砥粒研磨は、砥石を用いる加工法（プリント配線板製造ではセラミックバフ研磨）、研磨布紙*1 を用いる加工法（ベルト研磨）、研磨ブラシを用いる加工法、研磨不織布を用いる加工法（バフロール研磨）に分かれ、遊離砥粒研磨

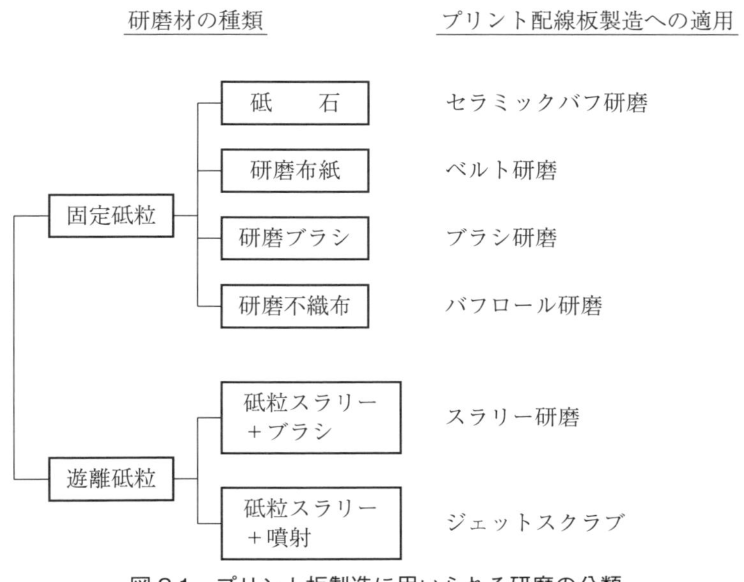

図2.1　プリント板製造に用いられる研磨の分類

はスラリー・ブラシ研磨とスラリー噴射研磨（ジェットスクラブ）に分かれる。これをまとめると**図 2.1** のようになる。

プリント配線板製造で用いる「研磨」の語は、英語ではおおむね「scrubbing」に相当する。「こすり加工」のような意味である。

2.1.2　不織布バフロールによる研磨

固定砥粒研磨では、不織布に砥粒を接着したものをロール状に加工した『バフロール』を用いる場合が多い。機械加工で研削に用いる硬い砥石とは異なりバフロールには弾性がある。**図 2.2** のように、押込み量を増すと変形が進み圧

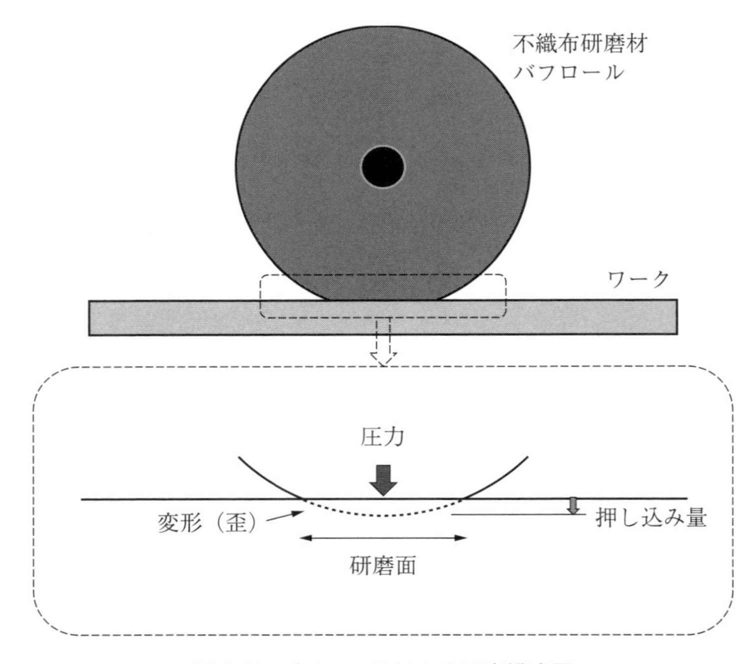

図 2.2　バフロールによる研磨模式図

＊1　研磨布紙は研磨布と研磨紙の総称である。プリント配線板製造ではおもに研磨布である。ただし、マイクロセクション試料作成研磨では研磨紙を用いる。

力も増える（フックの法則*2 である）。この場合は、第1章で説明した運動制御と圧力制御の分類によると、運動制御を通して最終的に圧力制御を行っていると考えられる。このように圧力制御であるということが、プリント配線板の研磨で必要な追従性を生んでいる。

この場合、静的に押し込んで変形している現象ではなく、高速で回転しているバフロールが高頻度で変形を繰り返している動的な運動である。当然、押し込み量（すなわち研磨圧力）が大きいほど回転負荷は大きくなり、必要なトルクも大きくなる。この現象を利用して、バルロールを回転させるモータの負荷（具体的には駆動電流）を一定の値に保つように押し込み量（バフの位置）を自動調整する機能（研磨量調整機能）を備える研磨機が多い。

なお、この研磨のことをプリント配線板業界では「バフ研磨」と呼ぶこともあり、不織布バフロールを単に「バフ」と呼ぶ場合も多い。これは機械加工の金属表面仕上げとしての「バフ研磨」（例えば、複数の円形の綿布を縫い合わせたバフを回転し、そこに固形棒状の研磨剤（青棒などと称するコンパウンド）から必要量の研磨剤を塗布し、ワーク（工作物）を研磨する作業）とは異なるから注意すること。

不織布バフロールの詳細に関しては 5.1.3 項を参照。

2.1.3　ベルト研磨

プリント配線板において研磨布紙による研磨が適用されるのはベルト研磨である。ベルト研磨機はベルトサンダーとも呼ばれる。

研磨布紙というのは**図 2.4** のような構造をもち、紙、布などの基材の上に第一次（下引き）接着材を塗布し、その上に研磨材（砥粒）を均一に塗布して硬化し、さらにその上に第二次（上引き）接着剤を塗布硬化したものである。この後二次加工として柔軟性付与加工、切断、接合などを行い、研磨ベルトができあがる。

＊2　フックの法則（弾性の法則）とは、物体の弾性範囲内の変形において、「物体の変形は物体に加えた外力に比例する」という法則である。

コラム

バフロールの回転方向

バフロールの回転方向は、工作物（パネル*3）の進行方向に対して正方向と逆方向がある（**図 2.3**）。ダウンカットとアップカットともいう。

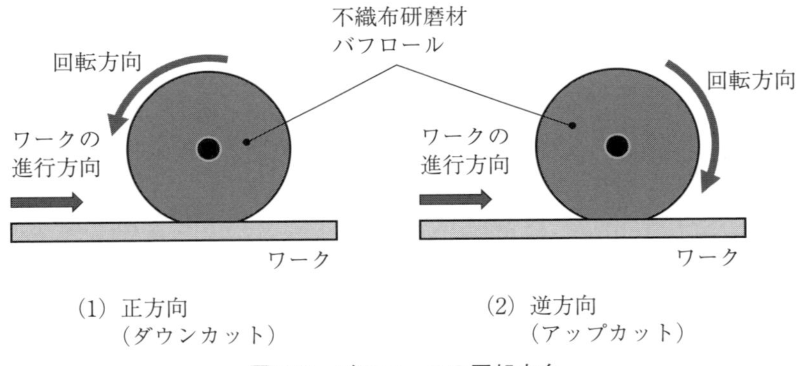

図 2.3　バフロールの回転方向

直径 15 cm、回転数 1800 rpm と仮定してバフロールの周速（工作物に当たる位置での速度）を求めると、

15 cm×円周率×1800/分≒84832 cm/分≒850 m/分

となる。一方パネルの進行速度（コンベア速度）はせいぜい数 m/分程度であるから、周速に比べて無視できるほど小さい。したがって、表面の研磨速度（したがって研磨状態）は正方向でも逆方向でも変わらない。

回転方向の影響が出てくるのは次の場合である。

1）パネルが最初にバフロールに接触する時と最後に離れる時：バフへの入り口側では、パネルがバフに引き込まれる方向に力が加わる場

＊3　パネル：プリント配線板として完成品になる前の、製造工程中にあるワーク（工作物）を一般的に「パネル」と呼ぶ。JIS 規格「プリント回路用語」文献5 ではパネルは「プリント配線板の製造工程を順次通過する、製造設備にあった大きさの板」と定義されている。

合（正方向）は問題無いが、押し出す方向（逆方向）の場合はパネルの強度の限界に近づく可能性がある。特に剛性の少ない材質のパネルは要注意である。また、バフからの出口では、逆に正方向回転のとき板端部に力が加わることになる。これらの現象を避けるために、板の端部では研磨圧を下げる（バフロールが逃げる）機能を備えた研磨機もある。

2) パネル表面の「だれ」の発生方向：これは穴のコーナー部、あるいは回路形成後の導体のコーナー部に発生する「だれ」の方向である。これは研磨方向によって変わるのは避けられないので、研磨条件の最適化、あるいはパネル方向を途中で変えて研磨することによる平均化、その他の対策をとる。

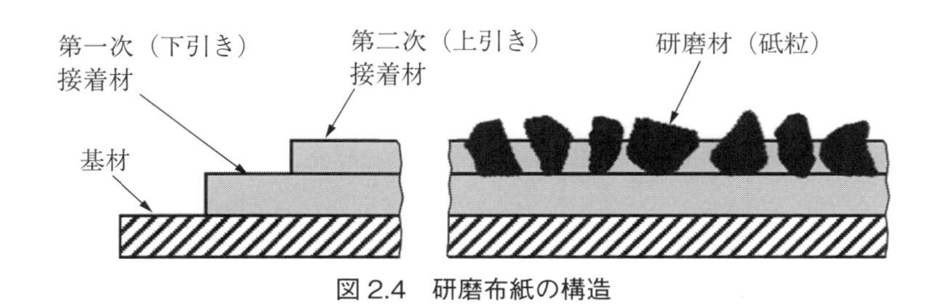

図 2.4　研磨布紙の構造

ベルト研磨機は一般的に**図 2.5** のような構造をしている。プリント配線板製造には、この3種のうち(a)のコンタクトホイール方式が用いられる。研磨ベルトを高速で動かしながら、コンタクトホイール（コンタクトドラムともいう）によりパネル表面にあてて研磨する。コンタクトホイールにはゴムのような弾性体を用いることができる。この場合は、不織布バフロール研磨と同じように、弾性をもった支持体による研磨により追従性を確保できる。

一般に、研磨不織布と研磨布紙とを比較すると、研磨特性は**図 2.6** のようになり、研磨布紙のほうが、表面粗さが粗く研磨量は大きい。この差は、プリント配線板における不織布バフロール研磨とベルト研磨の間の差に対応する。なお、図中の「バフ」は一般機械加工における「バフ仕上」を意味する。

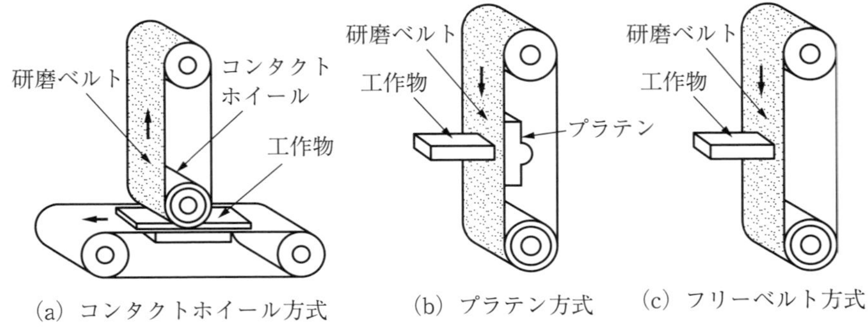

図 2.5　ベルト研磨

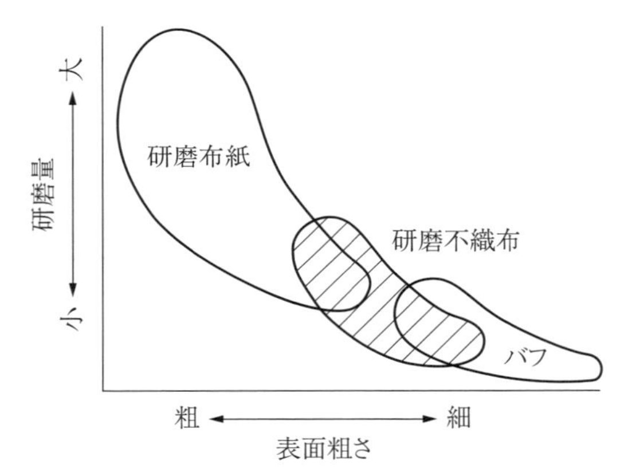

図 2.6　研磨不織布の研磨特性（概念図）

2.1.4　セラミックバフによる研磨

小型のレジンボンドの砥石を弾性ロールの表面に敷き詰めたような構造のバフロールが「セラミックバフ」と呼ばれて普及している。砥石の表面による圧力制御の研磨効果と、砥石の端面による切削効果の二面を持った研磨方法である（5.1.4 項参照）。

2.1.5　スラリー研磨

プリント配線板の遊離砥粒研磨に関しては、砥粒を水中に懸濁させたスラリー液を用いるスラリー研磨が用いられる。砥粒として軽石（pumice）の粉を用いていたので、パミス[*4]研磨（pumice scrubbing）[*5]とも呼ばれる。

方法には2種類ある。

(1) スラリーをパネル表面に供給しながら、回転するブラシで表面に擦り付ける方法（狭義のスラリー研磨）。

(2) スラリーをポンプでパネル表面に噴射して研磨する方法（ジェットスクラブ法）。

古くから（1）のブラシを用いた方法が普及していたが、1980年代[*6]に（2）のジェットスクラブ法が開発され、現在ではスラリーによる研磨法の主流になっている。

2.1.6　弾性研磨材の利点

プリント配線板の基材は有機材料である。リジッドプリント配線板の場合はガラス繊維強化エポキシ樹脂が、フレキシブルプリント配線板の場合はポリイミドフィルムが用いられることが一般的である。

有機材料は金属材料に比べて、熱歪み、加工時の応力などに起因した反り・ねじれ（warp and twist）がより多く発生する。このような曲がった表面（大きなうねりを有する面）への追従性（バフ研磨の利点である『バフの曲面へのなじみ性』と同様の性能）が、プリント配線板製造では特に重要になる。弾性研磨工具を用いた圧力制御による研磨が重要である理由がここにある。

また、プリント配線板自体も弾性と可撓性を有する材料であるから、圧力を加えると反り・ねじれのような変形を補正することができる。フレキシブルプ

＊4　英語ではpumiceであり、「パミス」の方が元の発音に近い表記であるが、「パーミス」の表記も多く見られる。

＊5　パミス研磨（pumice scrubbing）を「スクラブ研磨」と称することもあるが、scrubは研磨の意味であるから、重言となり、正確な訳語ではない。

＊6　1998年の石井表記の貝原氏の解説記事[文献1]には「ジェットスクラブ式研磨機は12年前に産声をあげた」とある。これから逆算すると1986年に開発されたことになる。

ルプリント配線板はもとより、リジッドプリント配線板であっても、金属材料に比べればかなり大きな可撓性を有している。研磨時にバフホイールでバックアップローラーに押しつけることにより一時的に平面を保ちながら研磨を行っている。

このようにパネル自体がある程度の可撓性を持っていることと、弾性研磨材によって圧力制御研磨を受けることによって、追従性を有する研磨が可能になっている。もしも、パネル自体が剛性をもち、切削や研削のような運動制御（一定切り込み）の加工を行ったならば、**図2.7**のような不具合が生じることになる。

ただし、曲面追従性の良い弾性研磨工具は、逆に「だれ」を生じやすいことも注意しなければならない。「だれ」とは、加工面の端部や縁部に研磨応力が集中し、そこだけ研磨量が増す現象である。プリント配線板においては、スルーホールのコーナー部や導体配線の端部にだれが見られる（**図2.8**）。

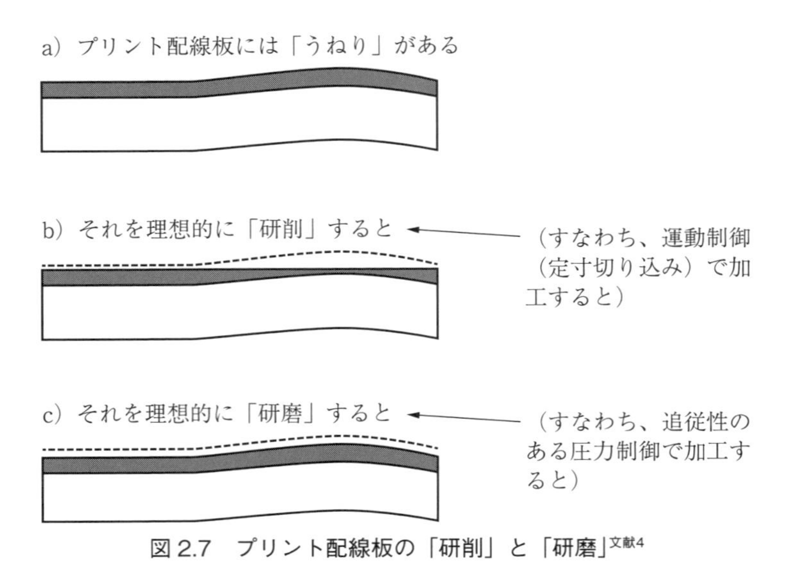

図2.7　プリント配線板の「研削」と「研磨」文献4

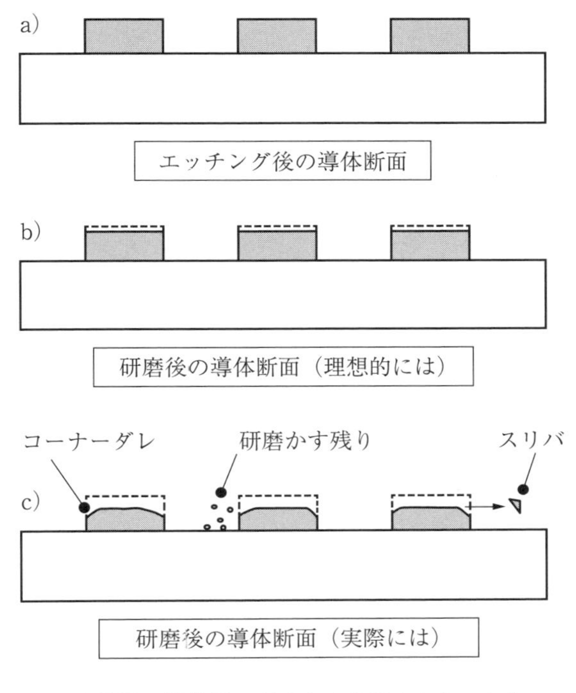

図 2.8　導体回路形成後の研磨での「だれ」の発生[文献4]

2.2　プリント配線板製造における化学研磨技術と電解研磨技術

一般的な金属表面処理技術においては、「化学研磨」という言葉は化学薬品を用いて表面の微小な凹凸を除去し平滑化する工程を指す。表面粗さを減少させ、光沢を持った表面にすることである。英語の chemical polishing に相当する用語である。銅・銅合金の「キリンス仕上げ」はこの処理の代表例である。

ただし、プリント配線板製造分野においては、「化学研磨」は別の意味で用いられている。

プリント配線板製造工程の化学研磨は、主に機械研磨の代替としてのマイクロエッチング（micro-etching＝微小エッチング）処理のことを指す。その目的は、表面洗浄と密着力向上のための表面粗化（次章参照）である。

マイクロエッチング技術はめっき工程でも用いられている。無電解銅めっき工程の中のマイクロエッチング（コンディショナー処理の後、銅表面に付着したコンディショナー成分を除去するための処理）や、パターン銅めっき前処理のマイクロエッチング（現像後、銅表面にわずかに残ったフォトレジスト残渣を除去するための処理）である。しかし、これらの処理は通常「化学研磨」とは呼ばれない。元来コンベア処理ではなく処理槽内での浸漬処理だったことから、「研磨」ということばが合わなかったためであろう。

電解研磨も化学研磨と同様に、一般的な金属表面処理技術においては、電解によって表面の微小な凹凸を除去し平滑化する工程を指すが、プリント配線板製造においては、電解により表面の洗浄・粗面化を行う工程を指す。

金属加工とは異なり、プリント配線板製造においてはワークが導電性ではないため、電解電流を流すための経路が必要な電解研磨は、さらに適用範囲が狭まる。利用できるのは、回路形成前の（すなわち全面に銅箔が残っている段階の）銅張積層板に限られる。

2.3　プリント配線板製造工程と研磨技術

図 2.9 に標準的なプリント配線板製造工程とそれに用いられる研磨技術を対比して示した。

個々の工程で用いられる研磨技術の詳細に関しては、次章以降で説明する。

図 2.9 に示したプリント配線板の製造工程を次節で説明する。

2.4　プリント配線板の構造とその製造工程

図 2.9 に示した製造工程図はかなり簡略化したものであるが、それでも複雑に見える。これをさらに簡略化し、ブロックのみの表示にすると、**図 2.11** のようになる。これを用いて各種プリント配線板の製造工程を次に説明する。

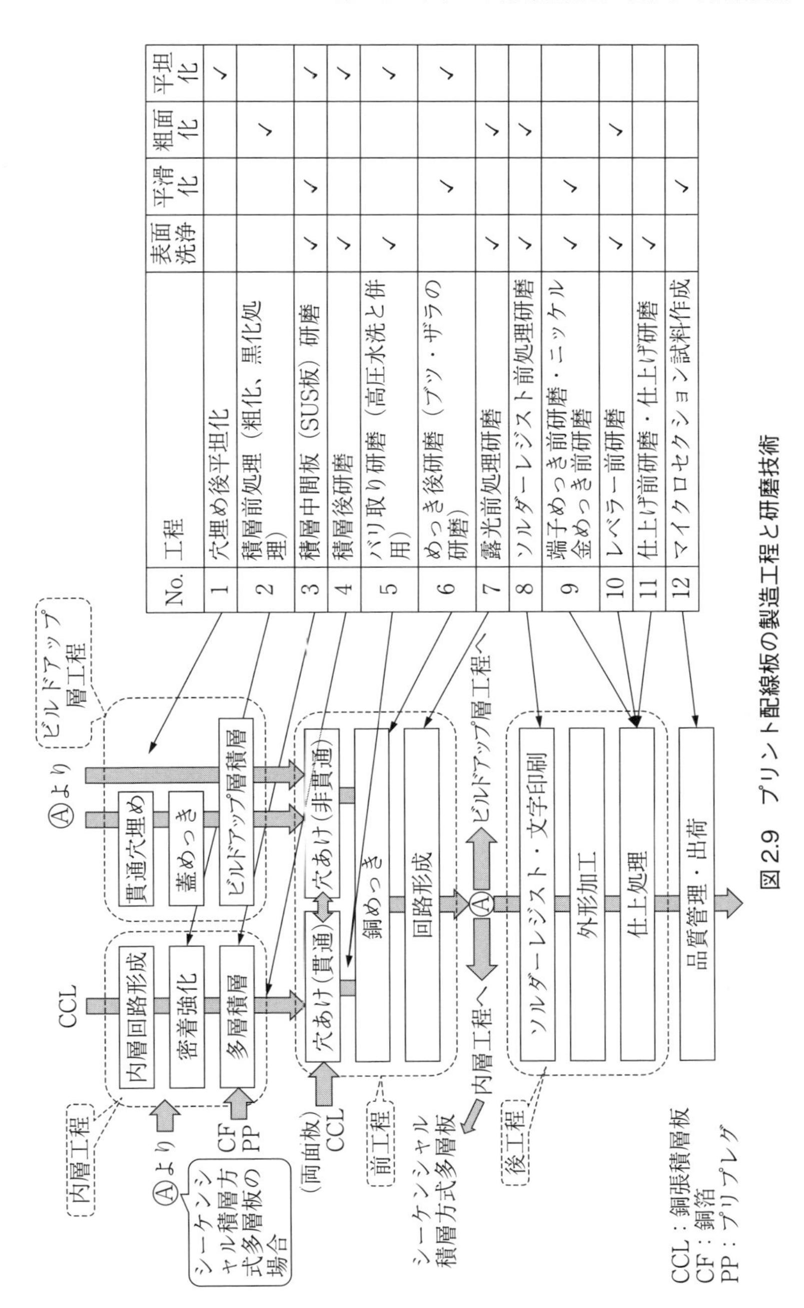

No.	工程	表面洗浄	平滑化	粗面化	平坦化
1	穴埋め後平坦化				✓
2	積層前処理（粗化、黒化処理）			✓	
3	積層中間板（SUS板）研磨	✓	✓		✓
4	積層後研磨	✓			✓
5	バリ取り研磨（高圧水洗と併用）	✓			✓
6	めっき後研磨（ブツ・ザラの研磨）		✓		✓
7	露光前処理研磨	✓		✓	
8	ソルダーレジスト前処理研磨	✓		✓	
9	端子めっき前研磨・ニッケル金めっき前研磨	✓	✓		
10	レベラー前研磨	✓		✓	
11	仕上げ前研磨・仕上げ研磨	✓			
12	マイクロセクション試料作成		✓		

図2.9　プリント配線板の製造工程と研磨技術

コラム

プリント配線板の断面図

この本では、プリント配線板の製造方法や構造を説明する場合、『断面図』で示してある。

プリント配線板の入門書のなかには、断面図だけではなく、**図2.10（1）**のように、表面の回路を3D風に書いてあるものがある（『よくわかるプリント配線板のできるまで』[文献2]より）。しかし、この本では、煩雑になることを避け、断面図だけで説明してある。

図2.10（2）のような断面図があった場合には、図2.10(1)のような立体構造を想像していただきたい。

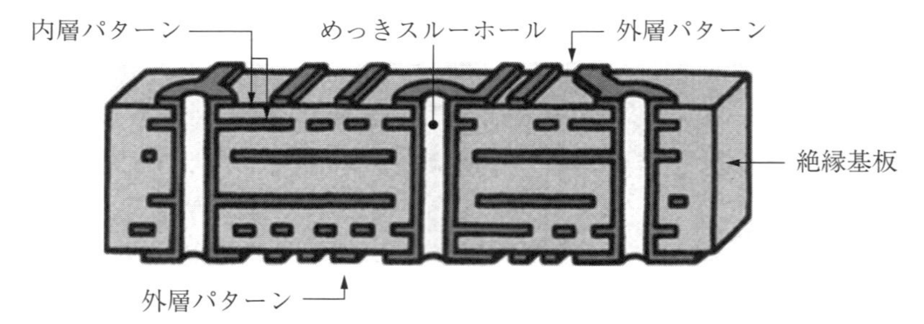

（1）多層プリント配線板の断面模式図（3D風）

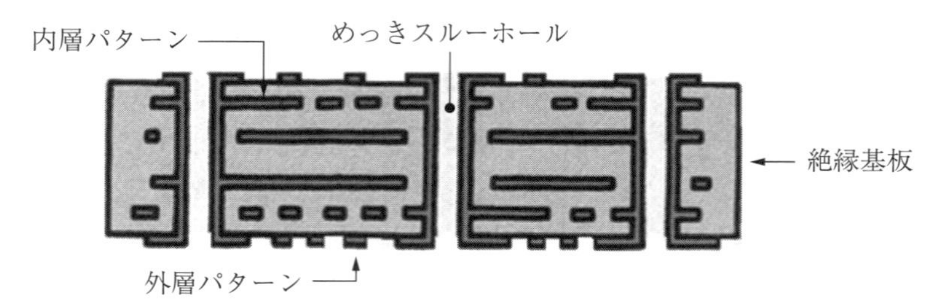

（2）多層プリント配線板の断面模式図（断面図のみ）

出典：高木清『よくわかるプリント配線版のできるまで』[文献2]より

図2.10　プリント配線板の断面図

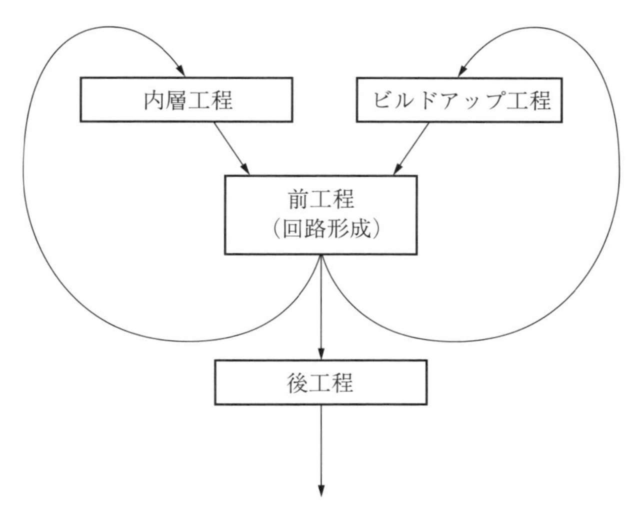

図 2.11　プリント配線板の製造工程概略（ブロック図）

電子回路が高密度化と微細化の道を邁進するにしたがい、プリント配線板は片面→両面→多層→ビルドアップと進化し、**図 2.12** のように構造も複雑してきた。それにともない、製造工程も複雑になってきた。個々のプリント配線板の製造工程（ブロック図）を**図 2.13** に示す。この図を統合してひとつに表したものが図 2.11 であり、その詳細が図 2.9（左側）になる。

個々の工程は次のようになる。

(1) 両面プリント配線板

この場合は銅張積層板を原材料として、

［前工程（回路形成）］→［後工程］

という単純なプロセスになる。なお、ここでの「回路形成」は板の面に（XY 面に）回路パターンを形成する工程だけではなく、穴あけと銅めっきにより垂直方向（Z 方向）にも接続回路を形成する工程をも含んだ概念である。

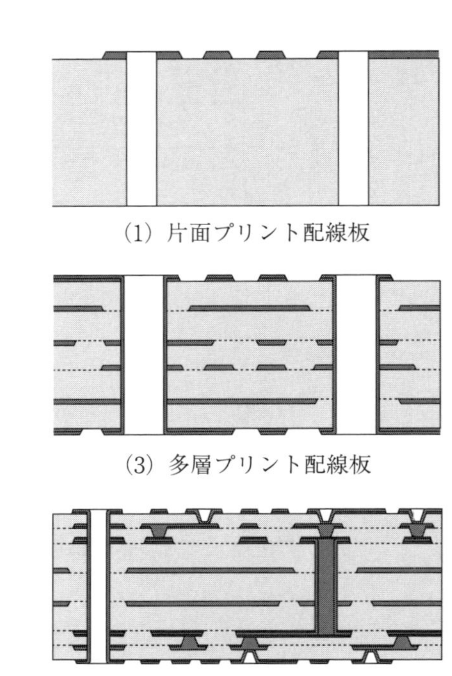

(1) 片面プリント配線板

(2) 両面プリント配線板

(3) 多層プリント配線板

(4) シーケンシャル積層方式
多層プリント配線板

(5) ビルドアップ多層
プリント配線板

図 2.12　各種プリント配線板の構造

(2) 多層プリント配線板

回路の複雑化に対応するため、表面・裏面の回路だけでは不足するから板の内部にも回路を設けるのが多層プリント配線板である*7。その工程は、

[内層工程]→[前工程(回路形成)]→[後工程]

となる。[内層工程] で、内層回路入り銅張積層板を作成しておき、それを原材料として両面プリント配線板工程を通す形になる。

＊7　多層の「層」は「導体層」を意味する。

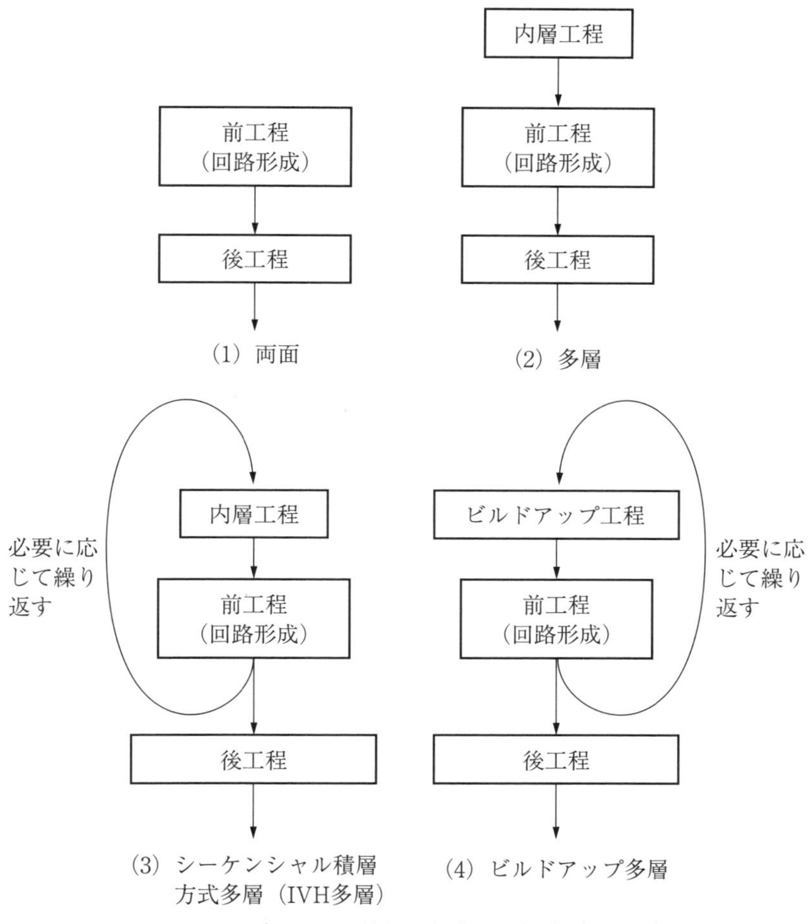

図2.13　プリント配線板の製造工程概略（品種別）

(3) シーケンシャル積層（多重積層）方式多層プリント配線板

多層プリント配線板によってXY方向（面方向）の接続回路は増やすことができるが、Z方向（深さ方向）の接続は穴数によって制限されてしまう。穴を増やすと、XY方向の回路を設ける余地もなくなってしまう。

例えば、12層の多層プリント配線板で、第3層と第4層を接続するためには、第1層から第12層まで貫通する穴が必要となり。接続に関与しない層の回路も穴を避けて配線しなければならない。

これを避けるために隣接層を接続するためのビア（IVH）[*8]を埋め込んだ構造にし、Z方向の接続の密度の増加を図ったのが、シーケンシャル積層（多重積層）方式の多層プリント配線板である。その工程は、

i)『[内層工程] → [前工程（回路形成）]』を必要な回数繰り返す

ii) その後［後工程］に進む

という形になる。

一番単純な形では、前工程から始まり、

[前工程(回路形成)]→[内層工程]→[前工程(回路形成)]→[後工程]

と進む形もある。この場合は、厳密にいえば積層が1回だけであるから多重積層ではないが、このカテゴリーに含んで考える。

この方式の多層プリント配線板は、IVH多層プリント配線板とも呼ばれる。ビルドアップ多層プリント配線板が開発されるまでは、多重積層方式がIVHを形成する唯一の方式だったからである。ただし、ビルドアップ多層プリント配線板が普及した今となっては、この言い方は不正確である。

(4) ビルドアップ多層プリント配線板

コアとなる多層プリント配線板の表面に、微細回路形成のための層を一層ずつ重ねて（ビルドアップして）ゆく方式である。微細回路形成のために、レーザー穴あけなどによりマイクロビアとよばれる微小なIVHを形成する。工程は、

i)［内層工程］→［前工程（回路形成）］

ii)『[ビルドアップ工程] → [前工程（回路形成）]』を必要な回数繰り返す

iii) その後［後工程］に進む

という形になる。

＊8　ビアの種類に関しては2.5節参照。

上記の方法は混合して用いられる場合もある。例えば多重積層型多層プリント配線板の上にビルドアップ層を設けてビルドアップ多層プリント配線板を製造することもできる。

2.5　ビアの種類

前節で「IVH」、「ビア」などの言葉が出てきたので、用語の整理のためにここで説明する。

プリント配線板の穴（あるいは孔）*9は、部品穴（component hole）と接続穴（via hole）の2種に分けられる。部品穴は、リード線を挿入してはんだ付けすることにより接合する部品（挿入部品）を受けるための穴である。接続穴（ビアホール）は導体層と導体層とを電気的に接続するための穴である。

接続穴（ビアホール）は、省略形の「ビア」を用いる場合が多い。英語のviaにはビア、ヴィア、バイア、ヴァイアなど様々な音訳表記があるが、一番単純なビアが最も多く用いられる*10。本書でも「ビア」を用いる。

ビアは層間の接続のための穴であり、その層が多層プリント配線板のどの層であるかによって、以下のように区分されている。

スルービア（through via）：表層同士（表面と裏面）を接続する穴。

ブラインドビア（blind via）：表層と内層を接続する穴。サーフェスビアとも呼ばれる。

ベリードビア（buried via）*11：内層同士を接続する穴。埋込ビアとも呼ばれる。

ただし、スルービアに関しては、スルーホールと呼ばれる場合が多い。

このうち、ブラインドビアとベリードビアを合わせた総称としてIVH（Interstitial Via Hole）が用いられる。Interstitialはintersticeの形容詞形。

---

*9　本書では「あな」と読む場合には漢字「穴」を用いる。

*10　特許文献などではvia holeの直訳語である「経由孔」が用いられる場合もある。

*11　buriedの発音は「ベリード」であり「バリード」ではない。英語の綴り字と発音の不規則性を示す良い例である。一部で「バリッドビア」という用例も見られるが、これは誤りである。

Interstice は隣接した（あるいは近接した）物体に挟まれた小さな間隙（あるいは空間）の意味であるから、IVH は「隣接層間接続ビア」という意味である。

なお、スルービア、ブラインドビア、ベリードビアの３種類への分類は、最終的な完成状態を表現した用語であり、多層プリント配線板製造工程での穴あけ時には貫通孔と非貫通孔（有底孔あるいは有底ビアともいう）の２種類しかない。穴あけ後の工程でプリント配線板内部に埋め込まれれば、最終的にはベリードビアになる。

ビルドアップ多層プリント配線板の開発によって実現した微小なビアを、マイクロビアと呼ぶ。IPC 規格では直径 150 μm 以下のものと定義されている*12。

マイクロビアの作成には、レーザー穴あけ法とフォトリソグラフィー法（写真法）の２種あり、前者で作成したマイクロビアをレーザービア、後者をフォトビアと呼ぶ。現在はレーザービアが主流である*13。レーザービアは LVH と称されることもある（Laser Via Hole より）。

現在はビアという用語は、本来の意味からは逸脱するが、慣用的にはビルドアップ多層プリント配線板のマイクロビアをさして使う場合が多い。また、これも本来の用語の定義からは外れるが、マイクロビア以外のビアに関しては、スルービアをスルーホールと呼び、その他のビア（ビルドアップ層以外のコア部にあるビア）を IVH と呼ぶこともある。このような用語は主に日本国内の用語であり、海外では通用しないことも多い。また、会社によっても用語が異なることもあるので確認が必要である。

上下のマイクロビアの位置関係に関しては、同一の位置に上下に重なっているビアをスタックビア（stacked via）と呼び、上下のビアの位置がずれている場合をスタガードビア（staggered via）と呼ぶ（**図 2.14**）。

スタックビアを実現するためのビアがフィルドビア（filled via）である。ビアの内部が銅めっきで（あるいは樹脂で）充填されているビアである。現在で

---

*12　ただし、2013 年以降、穴のアスペクト比（穴深さ／穴径）も考慮した新しい定義への変更が IPC で進行中との報告もある。

*13　1991 年 IBM が発表した世界初の量産化されたビルドアップ多層プリント配線板 Surface Laminar Circuit（SLC）はフォトビアを採用していた。

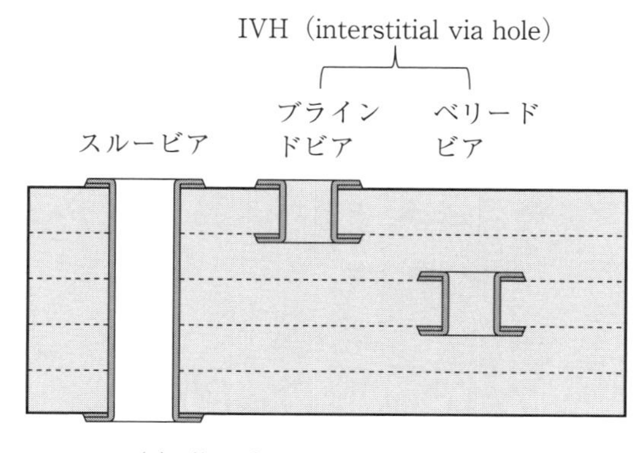

(1) 積層法によって作られたIVH

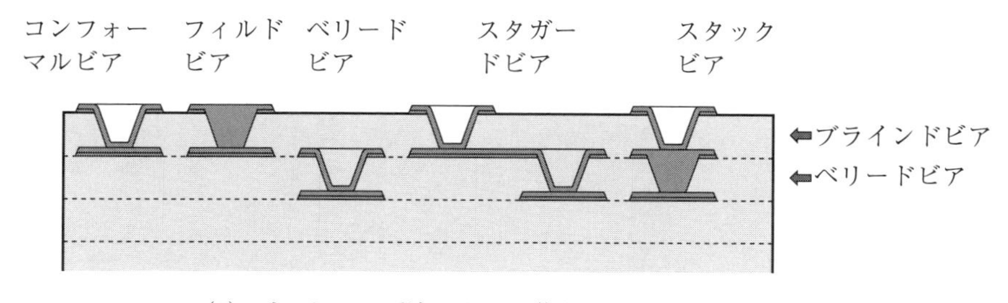

(2) ビルドアップ法によって作られたマイクロビア

図 2.14　各種のビア

は、フィルドビアという場合には銅めっき充填ビアをさす場合が大部分である。このような充填のためのめっきを、ビアフィリングめっきと呼ぶ。

【第２章　参考文献】

1．貝原睦規：ジェットスクラブ式研磨装置，電子材料，Vol. 37，Nol. 10，1998.10
2．髙木清：よくわかるプリント配線板のできるまで，第３版，日刊工業新聞社，2011
3．研磨布紙加工技術研究会：実務のための新しい研磨技術，オーム社，1992
4．小林正：電子回路における研磨加工の基礎と最前線，JPCA news，2015 年５月号，日本電子回路工業会（JPCA）

5．日本工業規格，JIS C 5603，プリント回路用語，1987 年制定，1993 年改正

第3章 研磨工程の目的

プリント配線板における研磨工程の目的には次のようなものがある。

(1) 表面洗浄（表面汚染物除去）

(2) 平滑化（表面粗さ低減）

(3) 粗面化（表面粗さ増加）

(4) 平坦化（凹凸低減）

(5) 薄銅化（銅厚低減）

以下にそれを説明する。

なお、複数の目的を兼ねている研磨工程も多く、目的が一つだけとは限らない。

3.1 表面洗浄

プリント配線板の製造工程におけるワーク（以降これを「パネル」と呼ぶ）の表面にはさまざまな汚染物や異物が付着している。あるいは表面層自体が変質（酸化、硫化など）する場合もある。

表面層を機械的に削り取るあるいは化学的に溶解することによって、汚染物を下地ごと除去すること、あるいは表面の改質層（酸化物層、硫化物層など）を除去して、清浄な表面を露出すること、これが表面研磨の目的のひとつである。

例えば、めっきの前処理では、銅の表面を微小エッチングして表面に付着した汚染物を下地ごと除去するような方法がとられている。この種類の表面洗浄は、さまざまな工程の前処理で行われている。これが表面洗浄にあたる。

3.2　平滑化

表面の微細な凹凸を少なくして（表面粗さを低減して）、鏡面仕上げのような光沢面にできる限り近づけることが、表面平滑化の目的である。いわば狭い意味での研磨（磨くこと）であり、機械加工におけるラッピング・ポリシングなどはこれにあたる。

プリント配線板製造工程では、積層用中間板（ステンレス板）の研磨はこれに該当する（中間板の研磨には、異物の除去、洗浄という目的もある）。

一言に「表面粗さ」といっても、さまざまな粗さのパラメータが用いられている。詳細は4.1節を参照のこと。

3.3　粗面化

プリント配線板の製造工程では、金属と樹脂を接着する工程が多くある。多層積層工程のように最終的な製品になる樹脂層を形成する工程、回路形成用ドライフィルム・フォトレジストのラミネート（貼付）のようにマスクとしての役割を終えると剥離される一時的樹脂層を形成する工程などがある。樹脂と金属の密着性を確保するために、これらの樹脂層を形成する前に、金属（銅）表面に微細な凹凸を形成する。これが粗面化である。

機械加工の分野では、いったん平滑にした表面を研磨によって逆に荒らすことを「テクスチャリング（texturing）」などと呼んでいるが、プリント配線板製造分野では主に「粗面化」と呼ばれている。

研磨後の表面粗さは、研磨材の砥粒と研磨条件によって決まるから、それらの調整により、求める表面粗さを得ることができる。

多層積層前の内層回路の銅表面の処理、ドライフィルムラミネート前の研磨（機械研磨と化学研磨のどちらか、あるいは両方）、ソルダーレジスト塗布前の研磨、最終仕上げ処理（水溶性プリフラックス、はんだレベラー処理など）前処理としての化学研磨などが代表的な例である。

粗面化の最終目的は樹脂と銅との密着性向上であるから、粗面化（表面粗さを上げること）自体が目的ではない。現に、粗面化なしで密着性を向上する方法も研究されている。

このような、密着性向上のための前処理研磨を「整面」と呼ぶ場合もある。

注意：ここで述べている粗面化とは、金属（銅）表面を粗面化して、その上に形成する樹脂との密着を上げる方法である。これとは逆の関係、すなわち樹脂表面の粗面化による銅めっき密着性向上技術（アディティブ法やセミアディティブ法で用いられる技術）は、研磨とは異なるので、本書では扱わない。

3.4　平坦化

上で説明した平滑化・粗面化などは、表面の微細な凹凸（表面粗さ）を制御することが目的であるが、平坦化はそれよりも大きな、回路パターン要素（ビア、ランド、導体など）と同等の寸法を持つ凹凸を平坦にすることを指す。

例えば、コア部（ベース部）[*1]有りのビルドアップ多層配線板（**図 3.1**）では、ベースビアを樹脂で埋める工程がある。この時、穴埋め樹脂が表面からはみ出して、マウンド状の突起ができる。これを削って平坦な表面を得るような研磨が平坦化である（**図 3.2**）。穴埋め後のビアの上に他のビアあるいは回路を配置する場合には、穴埋め樹脂も含んだ表面に銅めっき（無電解銅めっき＋電気銅めっき）を行う。このようなめっきは蓋めっき（cap plating）と呼ばれる。

また、穴あけで生じたバリ[*2]の除去（deburring）も平坦化の一種と考えることもできる（以下のコラム参照）。

電気銅めっき後の表面のブツ・ザラ（微小な突起）を除去するめっき後研磨は、平坦化と平滑化の双方の意味合いがある。

＊1　ビルドアップ多層プリント配線板で、ビルドアップ層を形成する下地となる多層プリント配線板（両面プリント配線板の場合もある）をコアまたはベースという。ここを貫通するビアをベースビアと呼ぶ。コアという言葉は、多層プリント配線板の積層工程で用いる内層材（内層コア材）と混同する恐れがあるので、ここではベースという言葉を用いた。

＊2　「バリ」は英語のburrを語源とする外来語（音訳語）である。ほぼ同じ意味の「かえり」は日本語元来の言葉である。ちなみに「バリ取り」の英語はdeburring（デバリング）である（de-は分離・除去の意味の接頭辞。デスミアがスミア除去の意味になるのと同じ）。

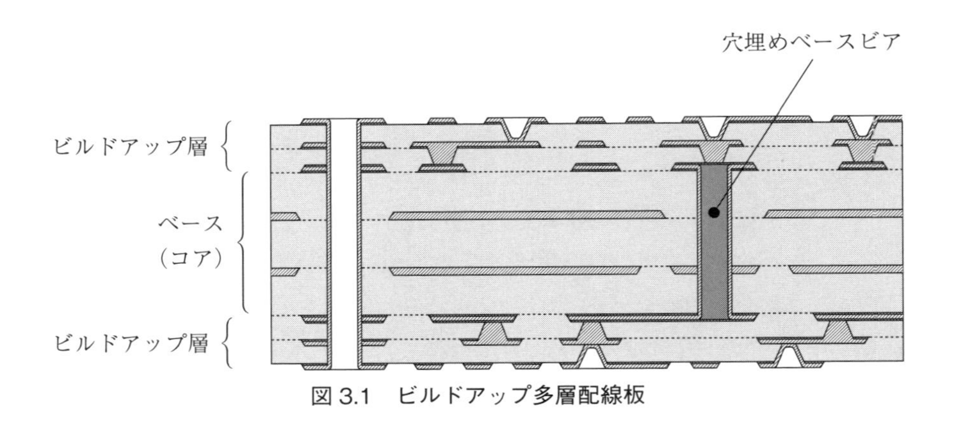

図 3.1　ビルドアップ多層配線板

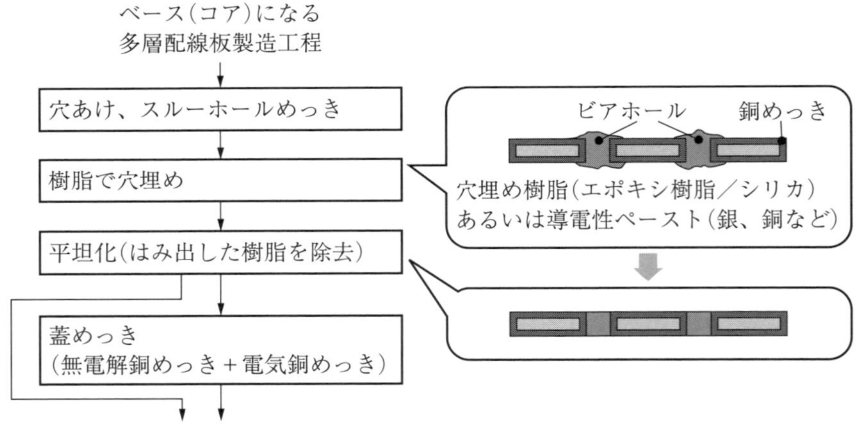

出典：図は「3M™プリント配線板研磨用製品カタログ」（スリーエムジャパン株式会社）より

図 3.2　ビルドアップ多層配線板のベースビア穴埋め工程（例）

コラム

穴あけで生ずるバリとその除去

ドリルによる穴あけは、切削加工であるから**図 3.3** のようにバリが発生する。**図 3.4** のように穴あけの入口側には引きちぎりバリが、出口側にはロールオーバーバリとポアソンバリの合成バリが発生する[文献1]。

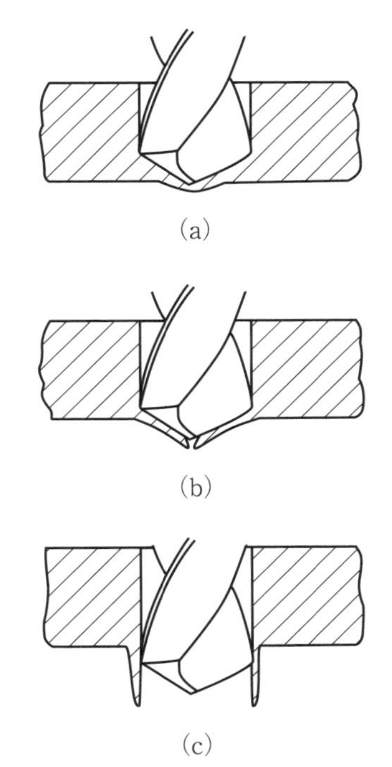

図 3.3　ドリルによるバリの生成機構[文献1]

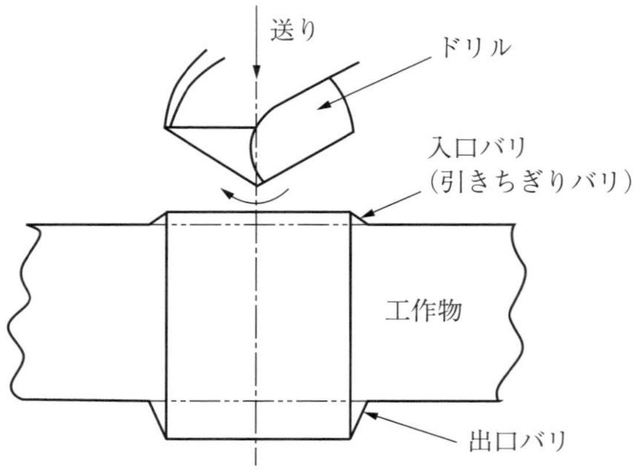

図 3.4　ドリル加工によるバリの生成[文献1]

ポアソンバリ：切削方向に対して直角方向に生じるバリ。工具によって工作物端部が圧縮変形されて生じたもの。

ロールオーバーバリ：切削方向に押し出されてできたバリ。

引きちぎりバリ：切削終了点で、引きちぎり現象で生じるバリ。

プリント配線板製造における穴あけ工程でバリ抑制のため重要なのは、あて板（エントリーボード）とすて板（バックアップボード）である。バリという現象は、切削時に被切削物が自由空間に押し出されて（あるいは引きちぎられて）発生するものであるから、あて板と捨て板が隙間無く密着していれば、自由空間が無くなるから、バリが発生する余地はない（**図 3.5**）。

ここで、「隙間無く密着」という点が重要である。穴あけ工程では、エントリーボード、複数のパネル、バックアップボードを重ねて穴あけスタックを作成し、穴あけ機に供給する。このスタック作りが重要になる。これらの板の間に隙間ができてはならない。また板の間にわずかでも異物（塵埃、研磨屑など）が入ると、それがスペーサーの役割をして隙間ができてしまうから、注意が必要である。

穴あけが終わったパネルに、バリ取りが必要な場合は機械研磨を用いる。

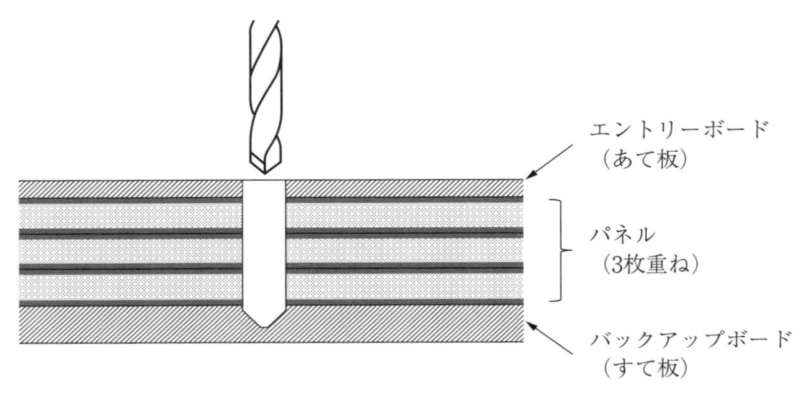

図 3.5　あて板とすて板を用いた穴あけ

ただし、**図 3.7** のように、研磨力が強すぎると穴の端部に「だれ」が発生するから注意が必要である。また、不織布バフロール研磨で発生したバフカスが穴に詰まり、不良の原因とならないよう、穴洗浄を十分に行わねばならない。穴あけ後の穴の中（孔壁）は、めっきで平滑化される前であるから、凹凸の多い面が形成されている。そのため、特に異物が留まりやすい。

バリ取り研磨が必要でない場合も、穴あけという乾式切削加工の後であるから、穴内洗浄は必須である。また、穴あけ後のバリ取り研磨と称していても、めっき前の銅張積層板の表面銅箔の洗浄（表面の酸化膜や酸化防止処理膜などの除去）を兼ねている場合もある。

軽度なバリは、穴あけ後の無電解銅めっきプロセスで、マイクロエッチング（化学研磨）により除去される。このマイクロエッチングは、元来銅表面に付着したコンディショナー成分を除去することが主目的であるが、同時にバリも除去される。化学研磨によるバリ取りの機構は**図 3.6** に示すように説明されている[文献2]。

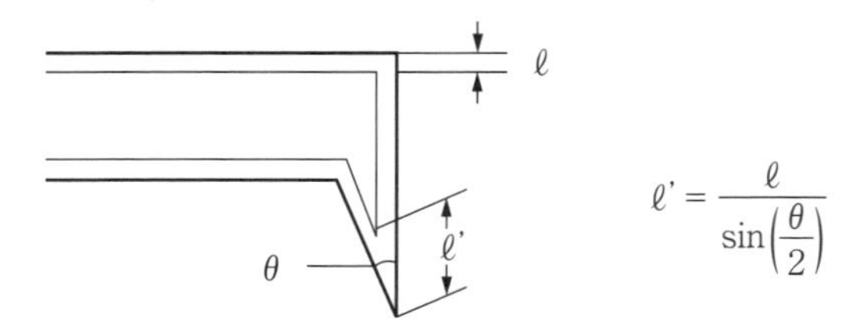

$$\ell' = \frac{\ell}{\sin\left(\frac{\theta}{2}\right)}$$

鋭角のバリは、他の平坦部に比べて$\ell/\sin(\theta/2)$倍溶解するため、バリが早く除去される。

図 3.6　化学研磨によるバリ取りの機構[文献2]

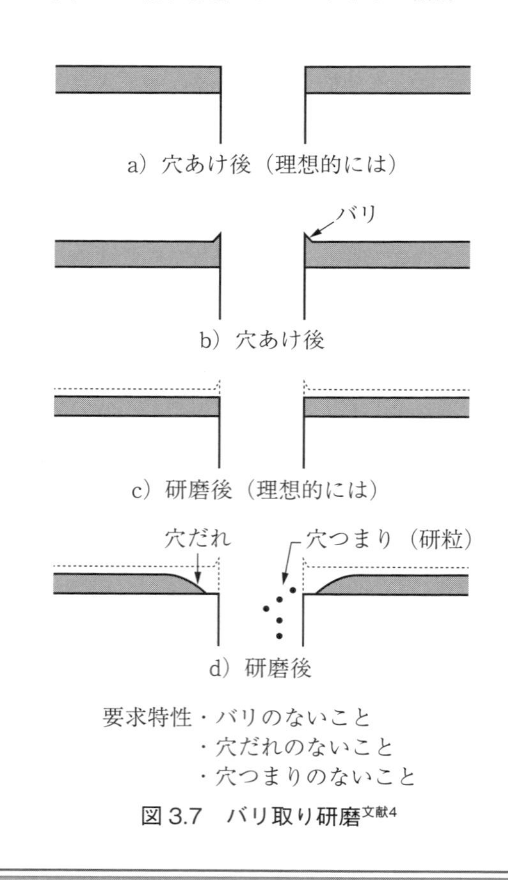

要求特性・バリのないこと
・穴だれのないこと
・穴つまりのないこと

図 3.7　バリ取り研磨[文献4]

3.5　薄銅化

回路微細化が年々進展するなかで、エッチングによる回路形成ではサイドエッチ（水平方向へのエッチングの進行）が微細化の妨げとなっている。少しでもサイドエッチを低減するために、全体の銅厚を減らす工法が採用されている。キャリアー付き極薄銅箔の採用、銅箔をエッチング液で半分以上エッチングして薄くしてから用いるエッチダウン法（ハーフエッチ法）などの薄銅化手法である。

機械研磨もこの薄銅化に用いられる場合がある。機械研磨を用いた場合には、パネルめっきをした後に表面だけ薄銅化することができるのが利点である。ただし、研磨によりビアホールのコーナー部の接続信頼性が落ちないよう十分な注意が必要である。例えば、ビルドアップ多層プリント配線板のベースビア（コア層貫通ビア）の樹脂による穴埋め後、余剰の樹脂の除去を確実にするため、

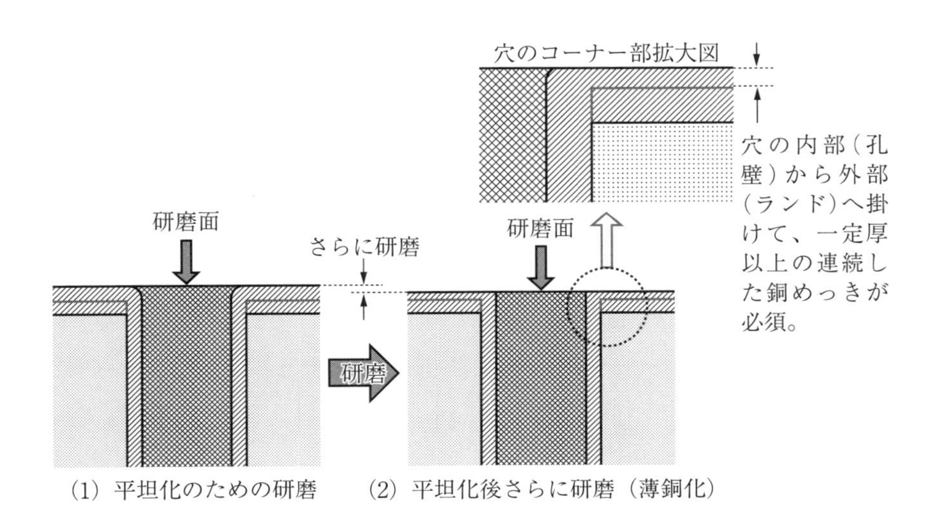

(1) 平坦化のための研磨　　(2) 平坦化後さらに研磨（薄銅化）

図3.8　コーナー部連続銅めっき層（Copper wrap）の重要性

＊3　knee wrap。原意は、ひざに巻くサポーターの意味である。温度変化による応力が集中するスルーホールのコーナー部をひざに喩えた表現。もともとこのような折れ曲がり部をkneeと称することから来た表現。

あるいは薄銅化を目的にして、**図3.8**のように樹脂除去に必要なレベルよりも多く研磨する場合がある。この研磨をやり過ぎると、穴とランドを繋ぐ銅めっき層が薄くなりすぎ、接続信頼性を低下させる場合がある。銅箔と銅めっきの総和である表面導体層の厚さではなく、穴内と接続する銅めっき層の厚さが、信頼性には重要である。この部分のめっき層をknee wrap*3あるいはcopper wrap（コーナー部回り込み銅めっき）と称して、最低めっき厚を指定する場合もある。この部分が信頼性に重要な役割を果たしている点に関して、NASAのPlanteらが報告している[文献3]。

【第3章　参考文献】

1. 宮谷孝：絵ときバリ取り・エッジ仕上げ基礎のきそ，日刊工業新聞社，2011
2. 川村利光，過酸化水素系の化学研磨の原理と応用，表面技術，Vol. 57，No. 11，pp. 768-772，2006
3. Jeannette Plante, Bhanu Sood, Kelly Daniluk: Printed Circuit Board Quality: Copper Wrap, NASA Technical Report GSFC-E-DAA-TN30043, presented at NASA Quality Leadership Forum（QLF）, 9-10 Mar. 2016［https://ntrs.nasa.gov/search.jsp?R=20160003315にて2018年1月に閲覧］
4. 小林正，電子回路における研磨加工の基礎と最前線，JPCA news，2015年5月号，日本電子回路工業会（JPCA）

第4章

研磨の品質管理のための手法

4.1　表面粗さの測定法 *1

表面粗さの計測には触針式表面粗さ測定機（表面粗さ計）を用いるのが一般的である。

検出器の先端部の触針（プローブ）が、試料の表面に直接触れ、表面をなぞって動き、触針の上下運動を検出器が電気信号に変換する。その電気信号を増幅、デジタル化して処理・演算を行う。

注意しなければいけないのは、この方法はあくまでも触針は直線上を動き、その直線（X座標）上の高さ（Z座標）*2 の変化を測定しているということである。したがってデータは二次元のデータになる。プリント配線板製造でよく用いられる不織布バフロール研磨では、研磨に方向性があるから、どの方向に測定したデータか（研磨方向か直角方向か）に注意する必要がある。

三次元データ（XY座標上でのZ座標変化）での表面性状の表現に関しては、現在標準化作業が進んでいる。

表面粗さ測定機の一例を**図 4.1** に示す。

デジタル技術の発達により、現在の表面粗さの測定作業は非常に簡単になっていて、サンプルを置いて、検出器をセットして、スイッチを押せば、ただちに測定値が出力される。しかしこの出力される『粗さ』にはさまざまな種類が

＊1　この節は、「本当に実務に役立つプリント配線板のめっき技術」[文献1] の 6.5.6 項を元に、最新の情報に更新したものである。

＊2　以前は表面粗さの表現では、高さ方向はY座標として扱われていた。現在は三次元表面性状への対応にともないZ座標とされている。最大高さ粗さの記号は、以前は *Ry*（さらにその前は *Rmax*）だったが、現在では *Rz* に変わっている。

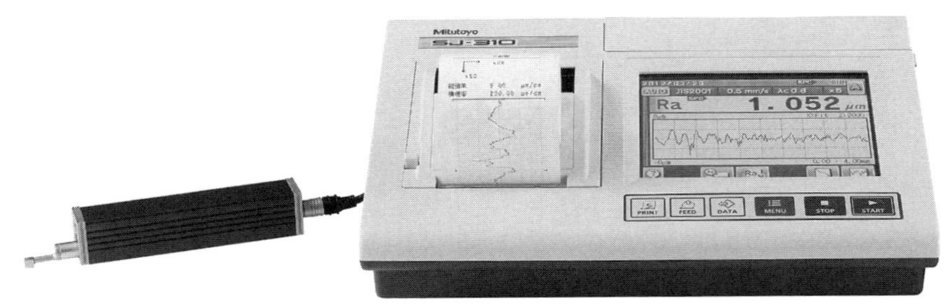

資料提供：株式会社ミツトヨ（サーフテスト SJ-310）

図 4.1　触針式表面粗さ計

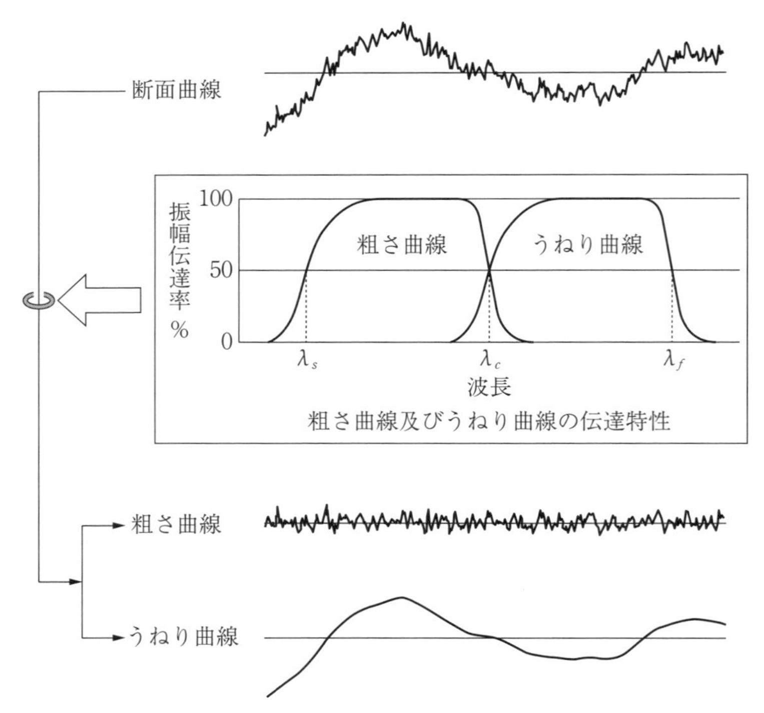

出典：曲線の図は株式会社ミツトヨ提供(『精密測定機器の豆知識』より)
伝達係数の図はJIS B 0601より。

図 4.2　表面粗さの測定

あり、その数値の意味を理解しておくことが重要である。

測定機は次のような演算を行っている（**図4.2**）。

(1) 表面の凹凸情報を取り込む。これが測定曲線である。
(2) 平面の傾斜、円筒部品の円弧など被測定物の理論的形状（呼び形状）を最小二乗法により除去する。
(3) カットオフ値 λ_s の低域フィルタ（ローパスフィルタ）を用いて、高周波の雑音（ごく微細な凹凸）をカットする。こうして得られる曲線が断面曲線である。
(4) 断面曲線をカットオフ値 λ_c の高域フィルタ（ハイパスフィルタ）処理して粗さ曲線を得る。
(5) 断面曲線をカットオフ値 λ_c の低域フィルタと λ_f の高域フィルタで処理して（すなわち λ_f から λ_c のバンドパスフィルタで処理して）、うねり曲線を得る。
(6) 断面曲線、粗さ曲線、うねり曲線の三つに対して一定のアルゴリズムを適用して各種パラメータを算出する（断面曲線、粗さ曲線、うねり曲線はすべて輪郭曲線（profile）のひとつである）。

ここでいうパラメータは、最大山高さ、最大谷深さ、最大高さ、要素の平均高さ、最大断面高さ、算術平均高さ、二乗平均平方根高さ、スキューネス、クルトシス、要素の平均長さ、要素に基づくピークカウント数、二乗平均平方根傾斜、負荷長さ率、切断レベル差、相対負荷長さ率がある。

これほど多くのパラメータで表面粗さを評価するようになったのはJIS規格（JIS B 0601[文献2]）が2001年に大幅に改訂されてからである（現在の最新板は2013年版）。この規格は何回か大改訂を経ており、1982年、1994年と改訂のたびに粗さのパラメータが変化している。各パラメータの意味と、改訂各版の対応を**表4.1**に示す。

このように粗さを表す基準が変わっていることに注意が必要である。例えば以前日本国内でよく用いられていた十点平均粗さ Rz は、対応国際規格（ISO 4287[文献3]）からは1997年に削除され、JISでも本文からは削除され、付属書に参考という位置づけで残っているのみである。記号も R_{ZJIS} と変わった。

表 4.1　JIS B 0601：2013（ISO 4287 Amd. 1）で定義されるパラメーター覧および JIS の版による差異

規格(JIS B 0601)発行年		1982 年版		1994 年版	2001 年版・2013 年版			JIS B 0601：2013 における定義（特に表記がない限りは基準長さにおける値）
評価曲線		断面曲線	粗さ曲線	粗さ曲線	断面曲線	粗さ曲線	うねり曲線	
山および谷の高さパラメータ	最大山高さ	—	—	—	*Pp*	*Rp*	*Wp*	輪郭曲線の山高さ *Zp* の最大値
	最大谷深さ	—	—	—	*Pv*	*Rv*	*Wv*	輪郭曲線の谷深さ *Zv* の最大値
	最大高さ	*Rmax*	—	*Ry*	*Pz*	*Rz*（注 2）	*Wz*	輪郭曲線の山高さ *Zp* の最大値と谷深さ *Zv* の最大値との和
	要素の平均高さ	—	—	—	*Pc*	*Rc*	*Wc*	輪郭曲線要素の高さ *Zt* の平均値
	最大断面高さ	—	—	—	*Pt*	*Rt*	*Wt*	評価長さにおける輪郭曲線の山高さ *Zp* の最大値と谷深さ *Zv* の最大値との和
高さ方向のパラメータ	算術平均高さ	—	*Ra*	*Ra*	*Pa*	*Ra*	*Wa*	$Z(x)$の絶対値の平均
	二乗平均平方根高さ	—	—	—	*Pq*	*Rq*	*Wq*	$Z(x)$の二乗平均平方根
	スキューネス	—	—	—	*Psk*	*Rsk*	*Wsk*	*Pq*、*Rq*、*Wq* の三乗によって無次元化した $Z(x)$ の三乗平均。歪度（非対称性の尺度）
	クルトシス	—	—	—	*Pku*	*Rku*	*Wku*	*Pq*、*Rq*、*Wq* の四乗によって無次元化した $Z(x)$ の四乗平均。尖度（鋭さの尺度）
横方向のパラメータ	要素の平均長さ	—	—	*Sm*	*PSm*	*RSm*	*WSm*	輪郭曲線要素の長さ *Xs* の平均
	要素に基づくピークカウント数（注 3）	—	—	—	*PPc*	*RPc*	*WPc*	輪郭曲線長さ *L*／要素の平均長さ
複合パラメータ	二乗平均平方根傾斜	—	—	—	$P\Delta q$	$R\Delta q$	$W\Delta q$	局部傾斜 $dZ(x)/dx$ の二乗平均平方根
負荷曲線に関連するパラメータ	負荷長さ率（注 4）	—	—	—	*Pmc*(*c*)	*Rmc*(*c*)	*Wmc*(*c*)	評価長さに対する切断レベル *c* における輪郭曲線要素の負荷長さ *Ml*(*c*)の比
	切断レベル差	—	—	—	$P\delta c$	$R\delta c$	$W\delta c$	与えられた二つの負荷長さ率に一致する高さ方向の切断レベルの差
	相対負荷長さ率	—	—	—	*Pmr*	*Rmr*	*Wmr*	基準とする切断レベル c_0 と輪郭曲線の切断レベル $R\delta c$ によって決まる負荷長さ率
参考	十点平均粗さ（注 1）	*Rz*	—	*Rz*	—	R_{ZJIS}（注 1）	—	最高の山頂から高い順に5番目までの山高さの平均と最深の谷底から深い順に5番目までの谷深さの平均との和

（注 1）十点平均粗さ Rz_{JIS} は日本独自のパラメータであり、ISO にはない。最新の JIS 規格では規格本文ではなく附属書に参考として規定がある。
（注 2）十点平均粗さで以前使われていた記号 *Rz* は現在の規格では最大高さに使われていることに注意。
（注 3）輪郭曲線要素に基づくピークカウント数は JIS2013 年版で追加されたパラメータである。
（注 4）輪郭曲線の負荷曲線（アボットの負荷曲線）および輪郭曲線の確率密度関数はこの表からは省略した。

出典：JIS B 0601 の第 4 章、付属書 C および解説をもとにして作成した。「本当に実務に役立つプリント配線板のめっき技術」[文献1] の表 6.7 を、最新の JIS を反映させて改訂したもの。

以前十点平均粗さに使われていた記号 *Rz* は、現在は別の意味（最大高さ。以前の R_y である。通常、十点平均粗さよりは大きな値を示す）に用いられている。改訂以前の文献や報告書を読む場合、あるいは社内に蓄積されたデータを参照する場合などには、その作成時期を考慮して、記号の意味に注意をする必要がある。

プリント配線板の製造における樹脂と金属の密着性には、樹脂あるいは金属の表面性状が大きな影響を与えている。表面粗さに関しても単なる *Ra* や *Rq*（それぞれ $Z(x)$ の一次および二次のモーメントの平均）だけではなく、*Rsk* や *Rku*（三次および四次のモーメント）が影響している場合もある。

粗さパラメータの定義と計算方法は接触式測定器（触針式測定機）だけではなく、共焦点走査顕微鏡のような非接触式測定器や、マイクロプローブを用いた走査型プローブ顕微鏡からの出力の解析にも利用されていて、微小な領域での粗さの評価が可能になっている。

4.2　表面状態の把握

研磨した表面の観察には、拡大鏡や光学顕微鏡（実体顕微鏡、工具顕微鏡、金属顕微鏡など）が用いられる。

研磨の微細な表面状態の観察には、走査電子顕微鏡を使う。走査電子顕微鏡 Scanning electron microscope（SEM）とは、細く絞った電子線で試料表面を走査し、発生する反射電子、二次電子などを検出して画面上に表示し、試料の形態を観察する装置である。SEM という略称で呼ばれることが多い。

SEM は、光学顕微鏡にくらべて、焦点深度も分解能（倍率）も２桁以上優れている。プリント配線板の研磨表面の観察で特に SEM が有益な点は、その焦点深度の深さである。

また、電子線で発生する X 線を検知し EDX（エネルギー分散型 X 線分析）で元素分析を行い、元素の同定と試料上の分布を観察する SEM-EDX も普及している。表面に異物を発見した場合、その組成をその場で分析することができる。

コラム

ステレオSEM

表面性状の観察で役に立つのが、ステレオ SEM という手法である。SEM の資料ステージのティルト機能（傾斜角調整機能）を用い、角度の異なる 2 枚の SEM 画像を右目・左目で見ることにより、微小な領域を立体的に観察できるという手法である。例えば、まず右目用写真を撮影し、次に傾斜を付けて左目用写真を撮影する、というような手順である。ここで注意する点は、

- ティルトの軸方向が垂直になるように左右の画像を配置すること（通常は軸が水平方向の状態で撮影するから、撮影した画像を 90 度回転することが必要）
- 傾斜角（左右の差）は 7° 程度がよい

とされている[文献4]。

こうして撮影した 2 枚の（左右の）画像は、ステレオスコープ（立体鏡）を用いて左右の写真を見るのが一番簡単であるが、立体視に慣れてくれば、パソコン画面に右目用と左目用の写真を表示して立体視（平行視でも交差視でも）することもできる。

または、アナグリフ作成ソフトにより合成画像を作成し、アナグリフ眼鏡（左右に赤青の色が付いた眼鏡）で立体視することもできる。立体映像技術としてのアナグリフは色彩情報が劣化する点が問題であるが、SEM 画像のように白黒画像の場合には問題にならない。

4.3　密着性の評価法*3

銅表面を研磨により粗化する効果のひとつに、銅表面とそれに接する層との間の密着性の向上がある。この『それに接する層』と記したものには、次のようなものである。

(1)はんだ付けして形成したはんだ層
(2)積層により形成したガラス繊維強化エポキシ樹脂などの層
(3)各種の塗布法により形成したビルドアップ層
(4)印刷などにより形成したソルダーレジストなどの層
(5)エッチングレジスト、めっきレジストなどのフォトレジストの層

この密着性を評価する方法の主要なものをこの項で説明する。

4.3.1　はんだ付けの接着強度（はんだボールのシアテストとプルテスト）

はんだボールの密着性のテストは、JEDEC 規格[文献6, 7]で定められており、シアテスト*4とプルテストがある。

シアテストはシアツールによってはんだボールを水平方向に剪断（シア切断）し、剪断応力を測定するとともにその時の破壊モード（どこの面で破壊したか、など）を評価する方法である。プルテストははんだボールをクランプではさみ、垂直に引き上げて最大応力を測定するとともにその時の破壊モードを評価する方法である（**図 4.3**）。双方の試験法には、剪断速度あるいは引き上げ速度としてそれぞれ高速と低速の２種類が規定されている。

＊3　この節は、「本当に実務に役立つプリント配線板のエッチング技術」[文献5]の 2.6 節を要約し、最新情報を元に更新したものである。

＊4　シアをシェアと誤記する例をよく見る。シア（shear 剪断する）とシェア（share 共有する）は発音も異なるまったく別の単語であるから、音訳するときも区別が必要である。

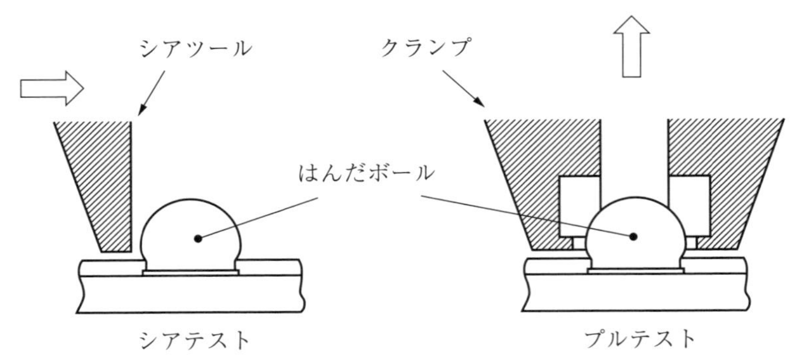

出典：JEDEC Standard JESD22-B117B "Solder Ball Shear" および JESD22-B115A.01 "Solder Ball Pull" に基づき作画。

図 4.3　はんだボールのシアテストとプルテスト

4.3.2　塗膜の密着性試験

ソルダーレジスト、シンボルマークなどの金属上に形成した塗膜の密着性試験には以下のようなものがある。

(1) テープテスト

接着テープを圧着後、直角方向に引き剥がし、ソルダーレジストやシンボルマークの浮き上がりおよびテープ側への転移の有無を拡大鏡などで調べる方法である（JIS C 5012[文献8] の 8.6.1 項、JIS C 5016[文献9] の 8.5.1 項）。

(2) クロスカット試験

塗膜にクロスカットを入れて、テープテストを行い、はがれの度合いを見る方法である（**図 4.4**）。以前は碁盤目試験とも呼ばれていた。JIS 規格　K 5600-5-6[文献10] に規定された方法*5 である。クロスカットを入れるのは、多重刃カッターのような専用工具を用いるか、あるいは一般的なカッターと専用のテンプ

＊5　JIS C 5012 の 8.6.2 項『碁盤目試験』は JIS K 5400 を参照しているが、この規格はすでに 2002 年に廃止されていて、新規格は JIS K 5600 である。

レート（カッティングガイド）を用いて行う（**図 4.5**）。

　このクロスカット試験をフォトレジストの密着性に応用するには、フォトレジストの本来の役割を考え、カッターで作成するのではなく、写真法で試験サンプルを作成するほうがよい。そのときに用いるパターン（マトリックスパターン）の一例を**図 4.6** に示す。エッチングレジストやめっきレジストの密着性評価では、あえてテープテストを実施する必要はなく、現像後あるいはエッチング後のパターンの残存の度合いを見るだけでよい場合も多い。

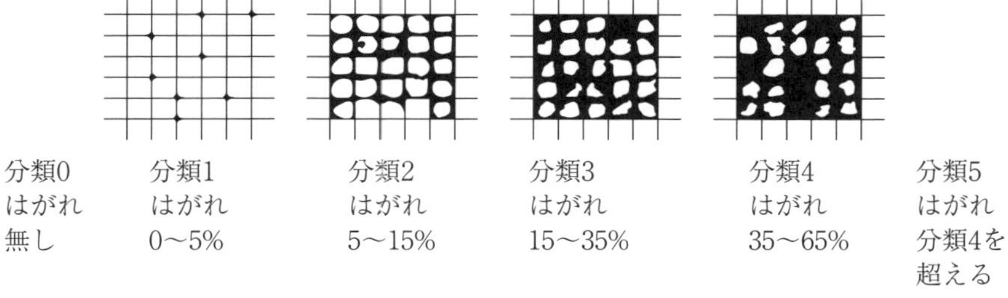

JIS K 5600-5-6より[文献10]表1より

図 4.4　クロスカットテストの評価

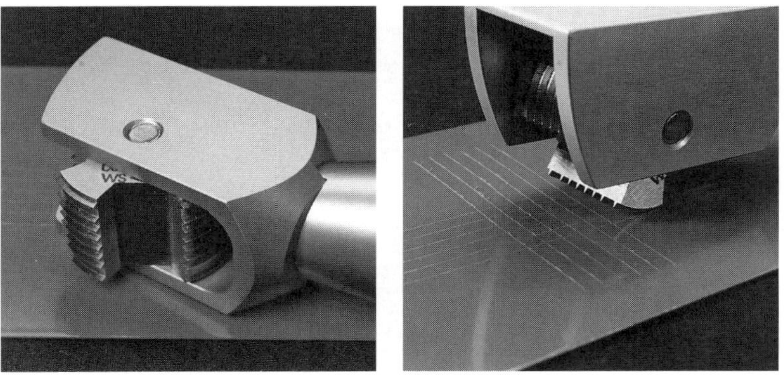

資料提供：コーテック株式会社
クロスハッチカッターCC1000

図 4.5　クロスカット作成用工具の例

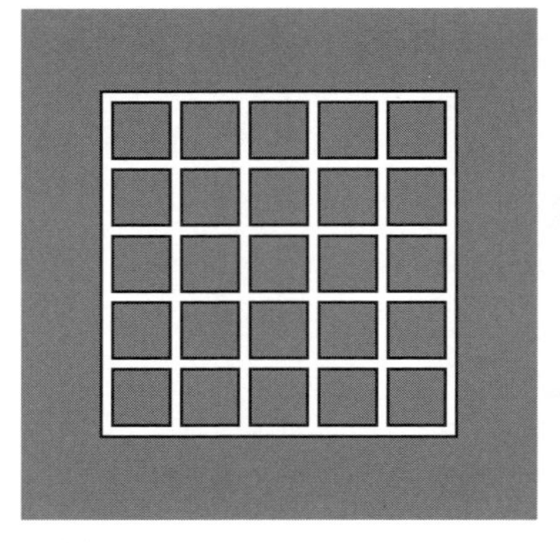

（1）JIS K 6800に準じたクロス
カットパターン（5×5の例）

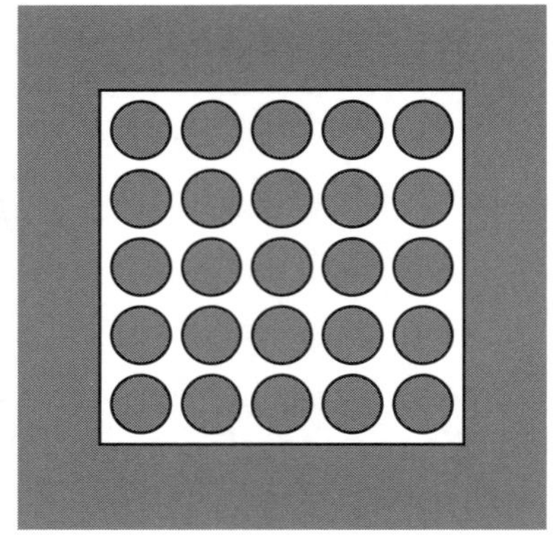

（2）ドットマトリックスパターン

図 4.6　フォトレジストの密着性評価パターンの例

(3) プルオフテスト

塗膜上に金属性の試験円筒（『ドリー』と呼ぶ）を接着し、円筒外側の塗膜に円筒の外周沿いに切り込みを入れ、垂直に引き上げて、剥離したときの力から付着力を求める方法である（**図 4.7**）。JIS 規格　K 5600-5-7[文献11] に規定されている。

4.3.3　銅層の基材への密着性

(1) 引き剥がし試験

銅箔あるいは銅めっき層を一定の幅の細長いパターンに加工し、端部から引き剥がしていくときに必要な力を、パターン幅の単位長さあたりに換算した（パターンの幅で割った）値が引き剥がし強さである。引き剥がし試験（ピールテストとも呼ぶ）には引き剥がす方向によって 90 度引き剥がし、180 度引き剥がしの 2 種類ある。**図 4.8** および**図 4.9** のような形の試験である。

(2) ランドなどの引き離し試験

めっきがない穴のランドの引き離し強さ、めっきスルーホールの引き抜き強

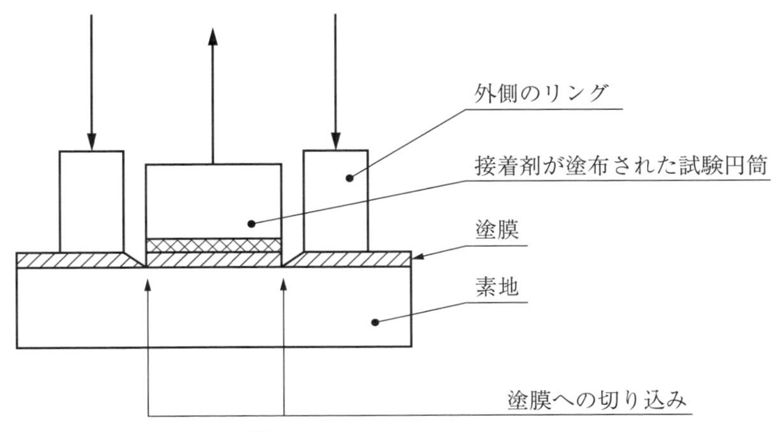

出典：JIS K 5600-5-7[文献11]の図5による

図 4.7　プルオフテスト

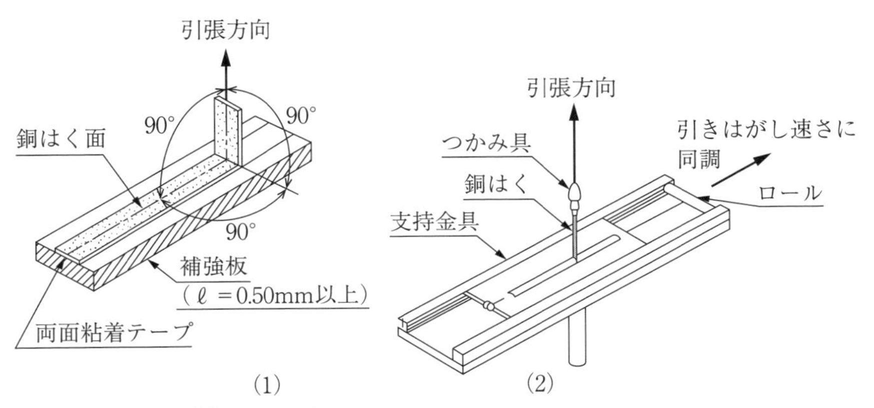

出典：JIS C 5016[文献9]の図5より

図 4.8　90 度方向引きはがし試験

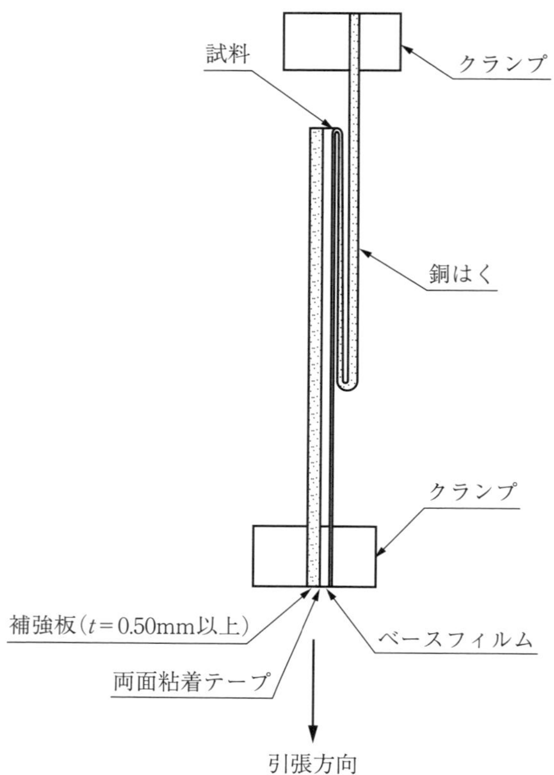

出典：JIS C 5016[文献9]の図7による

図 4.9　180 度方向引きはがし試験

さ、フットプリントの引き離し強さ、などがJIS規格[文献9]で定まっている。**図4.10**に示したようなリード線をはんだ付けした試料作成し、リード線を引き離す力を引張り試験によりもとめ、評価を行う。

(3) はんだ耐熱性の試験

プリント配線板のはんだ耐熱性試験、およびソルダーレジスト・シンボルマークの耐熱性試験は、一定温度の溶融はんだに一定時間接触させて、膨れ、はがれなどの異常の有無を目視で確認する方法がJIS規格[文献8]に規定されている。

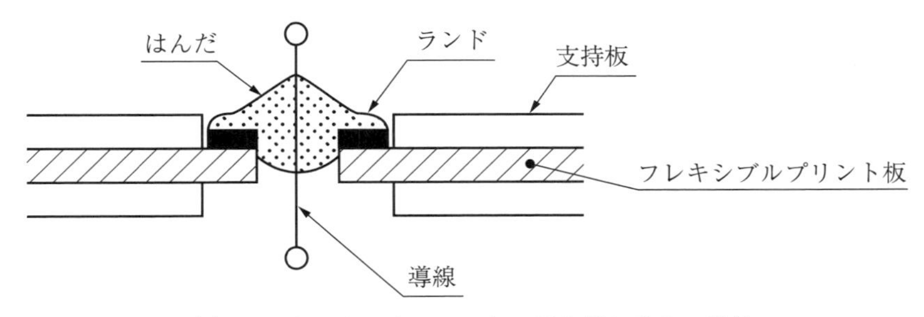

(1) めっきがない穴のランドの引き離し強さの試料

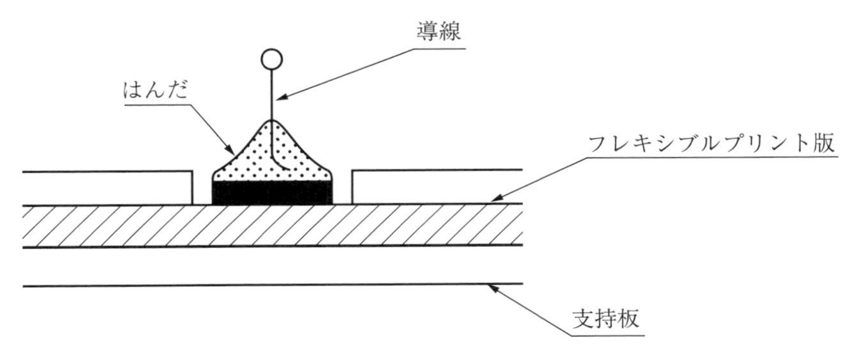

(2) フットプリントの引き離し強さの試料

出典：JIS C 5016[文献9]の図11、図12による

図 4.10　ランドなどの引き離し試験の例

はんだに接触させる方法としては、はんだフロート法とリフローソルダリング法の２種が規定されている。多層板の内層の銅回路と絶縁層の間の密着性、ソルダーレジストと表面回路の接着性などの評価には、この方法も有用である。

4.3.4　密着性評価の実例

図 4.11～**図 4.13** に密着性評価の実例を示す。銅表面のマイクロエッチング剤の種類、エッチング量などの因子が密着性に与える影響をさまざまな方法で評価したものである。

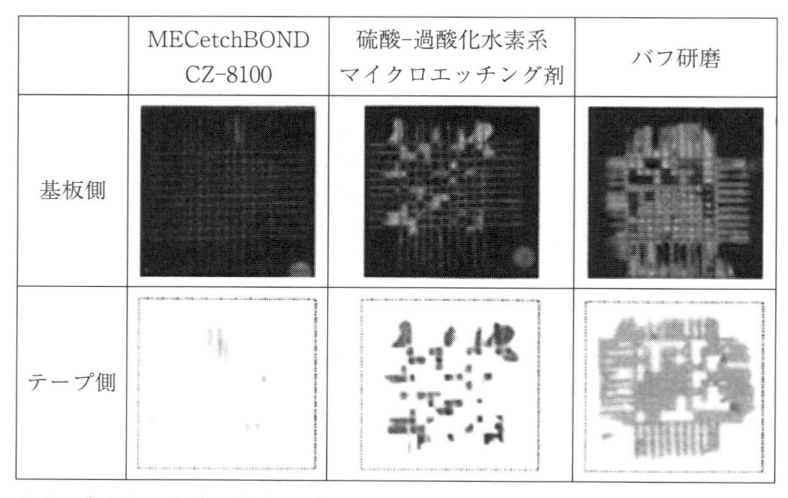

出典：『本当に実務に役立つプリント配線板のエッチング技術』文献5

資料提供：メック株式会社

図 4.11　クロスカットテストの例

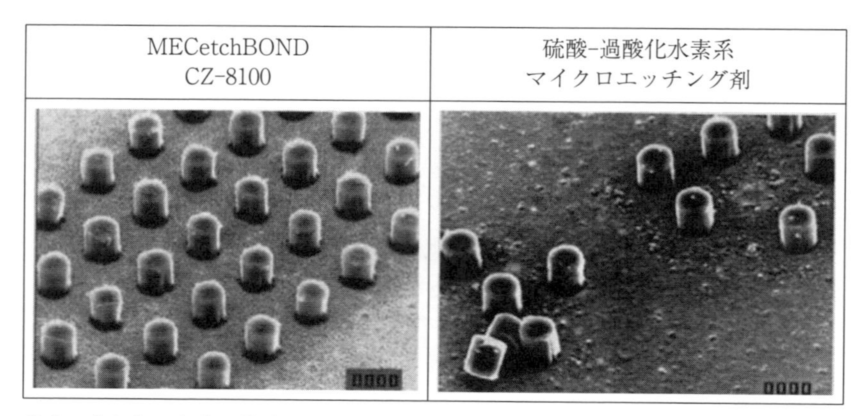

出典：『本当に実務に役立つプリント配線板のエッチング技術』文献5

資料提供：メック株式会社

図 4.12　ドットマトリックス法による密着性評価の例

CZ-8100処理	CL-8300処理	はんだ耐熱温度			
		250℃	260℃	270℃	280℃
0.5μmエッチング	なし		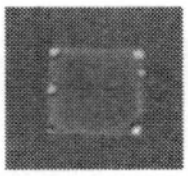		
	あり		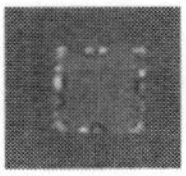		
1μmエッチング	なし				
	あり				
2μmエッチング	なし				
	あり				

マイクロエッチングによる銅表面の粗化処理をエッチング量を3種変えて行い、その後の有機被膜形成処理（酸化防止および密着性向上が目的）の有無と組み合わせて6種の条件の評価。

出典：『本当に実務に役立つプリント配線板のエッチング技術』文献5

資料提供：メック株式会社

図 4.13　はんだ耐熱性試験による密着性評価の例

4.4　その他の手法

4.4.1　化学研磨量（エッチング厚）の測定

化学研磨の場合、サンプル板（銅張り積層板など）を加工して、加工前後の重量を量り、その差（重量減）からエッチング厚を求めるという手法が、よく品質管理に用いられる。加工の目的はエッチングの厚さではなく、表面の粗化なのではあるが、工程になにか異常があったとき、エッチング厚に異常が出る場合が多いからである。

$$銅エッチング厚[\mu m] = \frac{重量減[mg] \times 10}{表面積[cm^2] \times 銅の密度[g/cm^3]}$$

この銅の密度として、電解銅箔あるいは電気銅めっきでの場合によく採用されている値は 8.962 g/cm^3 である。

4.4.2　光学的特性の評価方法

プリント配線板製造プロセスで金属表面を機械研磨・化学研磨した後、光学的特性の評価が求められる場合がある。以下にそのような例を挙げる。

(1) パッドの光沢度の要求仕様

プリント配線板の接続用パッド（特にボンディングパッド）の表面処理仕様で、光沢度を求められる場合がある。基本的には表面処理のめっきの品質の問題ではあるが、めっき下地の銅表面の形状に対して改善要求がなされる場合もある。

光沢度は JIS 規格では「鏡面光沢度」として定められている[文献12]。**図 4.14** のように規定の入射角で光を当て、反射した光を受光器で測定する。入射角は JIS には 85°、75°、60°、45°、20° が規定されている。この方法に準拠した測定器により測定する。この方法は本来、塗膜、アルミニウムの陽極酸化皮膜、紙などの光沢を測定するものである。

(2) 銅表面の拡散反射によるフォトレジストへの影響

露光工程では、銅表面の拡散反射（乱反射）がフォトレジストに与える影響が問題となる。

露光では、露光される部分と未露光部が明確に分かれて、露光された部分のレジストは感光樹脂成分の重合が進んで耐溶解性を獲得し、未露光部は重合が進まないため現像液で溶解除去される、というのが理想である。

ところが、露光部でレジストを通過した光が銅表面で拡散反射し未露光部へ

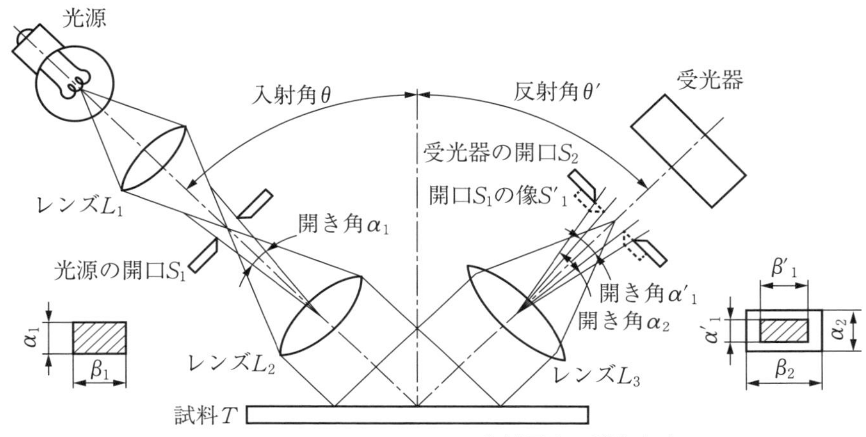

出典：JIS Z 8741 鏡面光沢度−測定方法[文献5]の図1より

図 4.14　鏡面光沢度の測定

も達すると、そこである程度の重合が進み、半露光・半重合状態のフォトレジストが生成されてしまう。このような状態のレジストは現像でも完全には溶解せず、スカム（泥状異物）として現像液中に浮遊することになる。これがパネルに再付着して不良の原因となることがある。

この拡散反射が、銅表面の形状に関係があることは間違いがない。ただし、この銅表面での拡散反射はなかなか定量的に把握することがむずかしい。露光に用いる光源は可視域ではなく紫外域にあるため簡便な光沢計のようなものが存在せず、しかも光源のスペクトルとフォトレジストの感度スペクトル（および光量計のスペクトルも）を考慮した測定が必要になるからである。

結局、実験による試行錯誤によって最適化するのが、現在の所、最も実用的である。

(3) 銅ダイレクトレーザー法用の表面処理

銅ダイレクトレーザー法（レーザー穴あけ時に、表面銅層にあらかじめエッチングで開口部を設けることなく、銅に直接レーザー穴あけする手法。詳細は6.3節のコラム参照）において問題になるのは、銅表面における光の吸収率である。この場合も可視光ではなく、波長10 μm前後の赤外光である。この吸収率が、表面形状と関係があるのは間違いない。

北ら[文献13]によると黒化処理、粒状構造、花弁状構造の3種の表面を比較した結果、穴あけに必要なレーザーパルスエネルギーが8～20 mJと大きく違うことがわかった。また安藤[文献14]も表面形状による差を報告しており、凹凸形状の大きい表面が黒化処理よりもレーザー光吸収性能に優れていることを示している。

いずれの例でも、表面形状が重要な因子であることを報告しているが、評価としては実際にレーザー穴あけを行って、レーザーのパルスエネルギーと開口部の穴径の関連を見て評価している。すなわち、小さいエネルギーで大きな穴が形成された方が高い吸収率を有するとしている。表面形状そのものを数値化する簡便な方法はいまのところ見いだせていないようである。

したがってこの件でも、現在のところでは、評価法は試行錯誤的な方法しかない。

【第4章　参考文献】

1. 雀部俊樹，秋山政憲，加糖凡典：本当に実務に役立つプリント配線板のめっき技術，日刊工業新聞社（2012）
2. 日本工業規格，B 0601：2013，製品の幾何特性仕様（GPS）―表面性状：輪郭曲線方式―用語，定義及び表面性状パラメータ
3. ISO 4287:1997, Geometrical Product Specification（GPS）―Surface texture: Profile method―Terms, definition and surface texture parameters, Amendment: 1: 2009
4. 日本電子(株)，アプリケーションノート：走査電子顕微鏡（SEM）でのステレオ（3D）写真の撮影と観察，（https://www.jeol.co.jp/applications/detail/827.html，2018年1月閲覧）
5. 雀部俊樹，石井正人，秋山政憲，加糖凡典：本当に実務に役立つプリント配線板のエッチング技術，日刊工業新聞社（2009）

6. JEDEC Standard "Solder Ball Pull", JESD22-B115A.01 (Jul 2016)
7. JEDEC Standard "Solder Ball Shear", JESD22-B117B (May 2014)
8. 日本工業規格，JIS C 5012，"プリント配線板試験方法"，1974 年制定，1993 年改正
9. 日本工業規格，JIS C 5016，"フレキシブルプリント配線板試験方法"，1988 年制定，1994 年改正
10. 日本工業規格，JIS K 5600-5-6，"塗料一般試験方法—第 5 部：塗膜の機械的性質—第 6 節：付着性（クロスカット法）" 1999 年制定
11. 日本工業規格，JIS K 5600-5-7，"塗料一般試験方法—第 5 部：塗膜の機械的性質—第 7 節：付着性（プルオフ法）"，1999 年制定
12. 日本工業規格，JIS Z 8741　鏡面光沢度—測定方法，1959 年制定，1997 年改正
13. 北　泰彦，久世　修，道上典男，荒井邦夫，CO_2 レーザ銅ダイレクト加工の技術動向，エレクトロニクス実装学術講演大会講演論文集，vol. 23，pp. 250-251，2009
14. 安藤裕久，Cu ダイレクトレーザー穴あけ対応前・後処理プロセスの開発，エレクトロニクス実装学術講演大会講演論文集，vol. 26，pp. 243-244，2012

第2部

プリント配線板の研磨に用いる
材料と装置

第5章

機械研磨

5.1　研磨材

5.1.1　製造工程と研磨材の選定

第2章で述べたように、プリント配線板の製造工程は長い。そして各メイン工程を経るごとにパネルはその形態を変えていく。パネルはそれぞれの工程で研磨、洗浄を経て次工程に渡されていくが、研磨で要求される仕上がり条件や作業上の課題は、それぞれの研磨でみな異なっている。

研磨材メーカーはそれぞれ上記特徴に対応できるようプリント配線板製造各工程に合った研磨バフ、研磨方法を開発してきた。**表5.1**は各社カタログ等より入手した情報をまとめたものである。表から各社の研磨バフ開発の方向性を垣間見ることができる。

5.1.2　研磨砥粒及びプリント配線板の研磨方法

切削砥石用研磨材の粒度に関する仕様の一例を**表5.2**に示す。これはJIS規格R 6001-02からの引用であり、規格の英文名はBonded abrasives-Determination and designation of grain size distribution*1とあるように、研磨材は砥粒単体ではなく、砥粒に接着樹脂等を用いて、対象物に固着（結合＝bond）させて使用するための材料をさす。そのため、規格には「この規格は、研磨布紙並びに遊離砥粒に使用する研削材及び研磨材には適用できない」と注記されている。

なお、第1章で説明したとおり、このR 6001以外に、研磨布紙に使用される研磨材はJIS R 6010に、また超砥粒に使用される研磨材はJIS B 4130に規定さ

＊1　英語の“bonded abrasive”は日本語の「砥石」に、“coated abrasive”は「研磨布紙」に相当する用語である。

表 5.1　製造工程別の研磨の目的、留意点と各社の推奨品番

工程	穴あけ～銅めっき前	銅めっき後 DFR ラミネート前	ソルダレジスト前	穴埋め樹脂、インキ除去	フィルドビアの研磨
目的	バリ取り	めっきブツの除去 微細で均一な整面	均一な整面	表面よりはみ出た樹脂、インキの除去	表面よりはみ出ためっきの除去
留意点	バフカスによる穴詰まりのないこと 穴ダレのないこと	キズ発生のないこと	導体のスリバー、脱落のないこと バフカスの出ないこと	穴周りの導体を損傷させないこと	穴周りの導体を損傷させないこと

推奨品番と注

3M	FC ホイール（1） FH ブリッスルブラシ（2）	フラットホイール(5) FD フラップブラシ（6）	LP フラップブラシ（8） FD フラップブラシ（6）	レジンリムーブホイール（11） レベリングホイール（12）	レジンリムーブホイール（11） レベリングホイール（12）
角田ブラシ	スーパーグリットバフ PF（3） スーパーグリットバフ ES（9）	スーパーグリットバフ PL（7） クリアーバフ ST(27)	スーパーグリットバフ ES（9） スーパーグリットバフ UF（13）	クリアーバフ EV（14） クリアーバフ CB（28）	ハイコンポジットロール（29） クリアーバフEV（14）
JABURO	JP バフ FORCE（4）	JP バフ FORCE（4） JP バフモンスターV3（15）	JP バフフォレスト(10) JP バフファイン（10）	JP バフモンスターV3D2（15）	JP バフモンスターV3D2（15）
三共理化学	弾性砥石バフ EGSW（16）	研磨ベルト RAXB（17） 弾性砥石バフ EGSW（16）		セラミックバフ CGSW（18） 弾性砥石バフ EGSW（16）	
クレトイシ	Zero SPF 2 連（19） Sky SPF 2 連（20）	Zero SPF＋ULF(21) Sky SPF＋ULF（22）	Zero ULF 2 連（23） Sky ULF 2 連（24）	Spiral　# 600＋BLD SPF 各 2 連（25） BLD VF 3 連＋BLD SPF 1 連（26）	Spiral　# 600＋BLD SPF 各 2 連（25） BLD VF 3 連＋BLD SPF 1 連（26）

注 No.

(1)　ウレタン発泡樹脂で強化した巻きつけ構造。うねりに追従、バフカス少ない。
(2)　砥粒が均一に配合された柔軟なブラシタイプ。不織布バフに匹敵する研磨力と約3倍の寿命。バフカスが出ない。
(3)　細かいナイロン繊維使用。バフカスによる穴詰まりを低減。
(4)　砥粒の自生作用を向上させ、バフカスを少なくした。研磨力を強化し、ブツの除去、表面活性化を向上させた。
(5)　原反をウレタン樹脂で強化した巻きつけ構造。平坦な研磨面。樹脂除去で高研磨力、穴詰まり、砥粒ささり改善。薄板研磨で打痕改善。
(6)　不織布原反にウレタン樹脂を含浸させたフラップ構造。従来品より高寿命、ソフトな仕上がり。バフカス少ない。
(7)　優れた切削性と長寿命。高い異物除去性能。
(8)　不織布繊維に樹脂と砥粒を微細にコーティングしたフラップ構造。回路に追従し、ヒゲ、バリ、ショートを抑え、バフカス付着、穴詰まり改善。
(9)　優れた整面力。薄物基板でも反り少ない。
(10)　優れた追従性。バフカスの挟み込み抑制。微細な研磨力でパターン形状ダメージ低減。
(11)　特殊樹脂含侵による追従性の高い巻きつけ構造。バフカス少ない。セラミック工程の置き換えによる長寿命化、コスト低減。
(12)　樹脂に対する高研磨力と平坦研磨用途。基板のうねりに追従し均一な仕上げ。黒化被膜、プリプレグの除去研磨。
(13)　パターン間詰まりが少なく、ファインな仕上がり。研削力が強くコスト低減。
(14)　インキ研磨性強化タイプ。長寿命、バフカス少なく、打痕解消。セラミックバフの代替可。
(15)　穴埋め樹脂除去、めっきブツ、ザラ除去など高い研磨性要求向け。セラミック系に匹敵。バフカス、打痕、穴ダレを極限まで減少。
(16)　軟質のセラミックバフ。研磨性は不織布バフの10％アップ、耐摩耗性2倍。バフカスなく穴詰まりなし、コスト半減。
(17)　酸化アルミナ砥粒ベルト。
(18)　硬質のセラミックバフ。研磨したい部分のみを除去し、インキ除去後の平坦性が高い。
(19)　極細繊維使用でレジンを薄膜化、バフカス微細化で穴詰まり低減。研磨むら、スクラッチのない研磨面。
(20)　仕上げ面を最優先に開発。ワイルドスクラッチなく、バフカス微細化で穴詰まり解消。
(21)　Zeroタイプ（(19) 参照）で、砥粒サイズが異なる。SPFは＃600、ULFは＃1000。
(22)　Skyタイプで（(20) 参照)、砥粒サイズが異なる。SPFは＃600、ULFは＃1000。
(23)　Zeroタイプ（(19) 参照）のULF（＃1000)。
(24)　Skyタイプ（(20) 参照）のULF（＃1000)。
(25)　Spiralはセラミック砥石、BLDは繊維・砥粒・樹脂量の調整により高研磨力。
(26)　BLDは繊維・砥粒・樹脂量の調整により高研磨力。VFは＃400、SPFは＃600。
(27)　高切削でありながら、ファインな研磨目にこだわる両立研磨を実現。
(28)　高い切削性を発揮し、半割仕様にも対応。
(29)　突起物の除去を目的とし、レベリング性を重視。

※　研磨材メーカー各社のカタログより要約。2017年10月調査。最新情報については各メーカーに照会されたい。

表中の研磨材メーカー名	
3M	スリーエムジャパン株式会社
角田ブラシ	株式会社角田ブラシ製作所
JABURO	ジャブロ工業株式会社
三共理化学	三共理化学株式会社
クレトイシ	クレトイシ株式会社

表 5.2　研削砥石用の精密研磨用微粉の標準粒度分布規格

単位［μm］

粒度	d_{s0} の上限値	d_{s3} の上限値	d_{s50} の粒子径及びその許容差	d_{s94} の下限値
＃240	127	90	60.0±4.0	48
＃280	112	79	52.0±3.0	41
＃320	98	71	46.0±2.5	35
＃360	86	64	40.0±2.0	30
＃400	75	56	34.0±2.0	25
＃500	65	48	28.0±2.0	20
＃600	57	43	24.0±1.5	17
＃700	50	39	21.0±1.3	14
＃800	46	35	18.0±1.0	12
＃1000	42	32	15.5±1.0	9.5
＃1200	39	28	13.0±1.0	7.8
＃1500	36	24	10.5±1.0	6
＃2000	33	21	8.5±0.7	4.7
＃2500	30	18	7.0±0.7	3.6
＃3000	28	16	5.7±0.5	2.8

注：d_{s0}、d_{s3}、d_{s50}、d_{s94} はそれぞれ、右側累積パーセンタイル（大きい側から累積したパーセント）で 0 %、3 %、50 %、94 %の点である。d_{s50}（50 %点）が中央値（メディアン）である。

出典：JIS R 6001-2：2017『研削といし用研削材の粒度—第 2 部：微粉』の表 4-精密研磨用微粉の標準粒度分布（沈降管試験方法）より

れている（砥粒に関しては 20 ページの表 1.1 参照）。

国内でプリント配線板研磨用バフに用いられている砥粒の大半は「炭化けい素質研削材」（記号 GC またはC）である。この素材はシリコンカーバイドとも呼ばれ、ダイヤモンド、cBN などの超砥粒に次ぐ硬度、耐熱性、化学的安定性を有する。高い硬度が要求されないバフには「アルミナ質研削材（記号 A）」も用いられる。セラミックバフには“WA”、“GC”やダイヤモンドなど硬度の異なる砥粒が使われているようである。

プリント配線板研磨用砥粒の「粒度」は表 5.2 に示す通り、「＃400」などと表記される。この粒度表記の数字は砥粒の「番手」とも称され、番手は小さいほうが粒径が大きいことを示している。また、表5.2は、JIS規格（JIS R 6001-2）の精密研磨用微粉の標準粒度分布からの抜粋である。精密研磨用微粉粒度分布の試験には沈降管試験法と電気抵抗試験法があり、同じ番手の研磨微粉でも測定法によって異なる分布が得られるため、試験法ごとに粒度分布が規定されている。この表5.2は沈降管試験法による粒度分布の規定値である。

プリント配線板研磨用バフに用いられる砥粒の粒度は＃400～＃1200程度が多い。同じ工程でも、複数の番手のバフが推奨されているのは、基板メーカー各社の製造環境または研磨対象品の要求品質が異なることに対応するためである。

コラム

シリコンカーバイド（炭化ケイ素）

組成式　SiC

式量　40.097 g/mol

形状　黒–緑色粉末

炭化ケイ素（Silicon Carbide、化学式SiC）は、炭素（C）とケイ素（Si）の1：1の化合物で、天然では、隕石中にわずかに存在が確認される。19世紀末に工業化した会社の商品名から「カーボランダム」と呼ばれることもある。

ダイヤモンドの弟分、あるいはダイヤモンドとシリコンの中間的な性質を持ち、硬度、耐熱性、化学的安定性に優れることから、研磨材、耐火物、発熱体などに使われ、また半導体でもあることから電子素子の素材にもなる。結晶の光沢を持つ、黒色あるいは緑色の粉粒体として、市場に出る。

（Wikipedia日本語版、“炭化ケイ素”より抜粋）

プリント配線板の研磨方法には湿式のバフ研磨、ベルトサンダー研磨、ブラシ研磨、スラリー研磨、ジェットスクラブ研磨などがあるが、それぞれの研磨方法で特性が異なるため、使用する目的により、適切な研磨方法を選択する必要がある。次項以降に、それぞれの研磨方法および研磨材の特徴について説明する。

5.1.3 研磨バフ

プリント配線板製造で用いられる研磨バフの多くは不織布バフである。

不織布の上に接着剤塗布（一次）、砥粒散布、接着剤塗布（二次）を順に行い、研磨用の基布に仕上げられる（**図 5.1**）。基布は原反とも称され、これを円形に裁断して重ねたり、ロール状に巻いたりしてバフロールにする。

このように不織布を用いたバフロールを不織布バフと呼ぶ。布を使用せず、

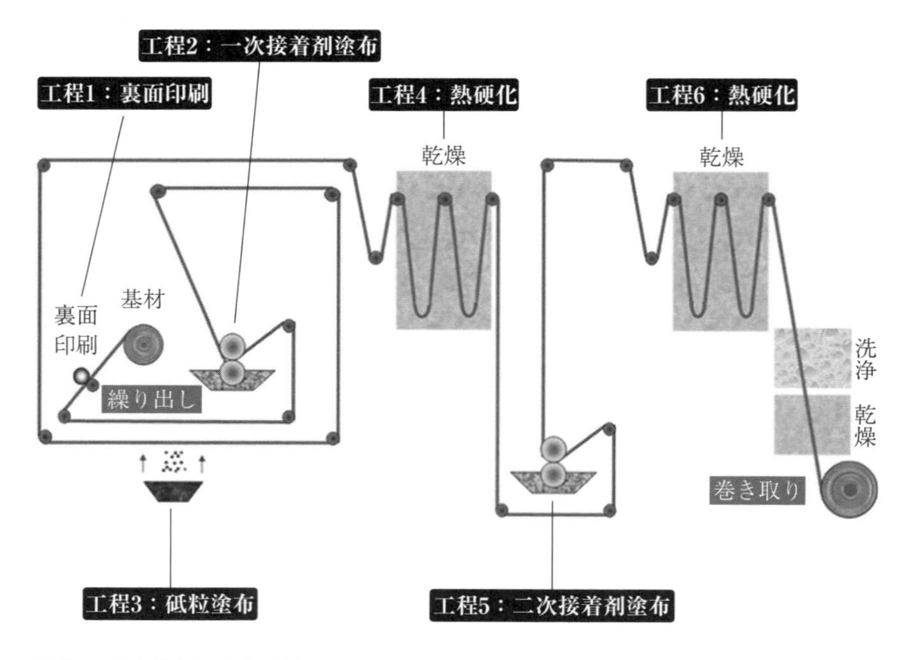

提供：三共理化学株式会社

図 5.1　バフ基布の製造フロー

弾性のあるロールにセラミック砥石を配置したバフ（以後、セラミックバフと呼ぶ。5.1.4 項参照）も用いられる。

研磨バフはプリント配線板の機械研磨において最重要な工具である。前述のようにプリント配線板の表面は平坦でないから、均一に削る、磨くだけの研磨では不十分である。表 5.1 に示すように、製造の各段階に合わせて、目的の研磨品質を確保し、かつ研磨による副次的な欠陥発生を最小限にとどめなければならない。そのため研磨バフの設計、選定はきわめてデリケートである。

以下、研磨バフの製造法、種類などにつき記述する。

不織布バフやセラミックバフはそれぞれバフ自体の特性が異なるため、用途も異なる。この特性を決める要因としてはつぎのようなものがある。

1）バフの材質（硬さ）（セラミックバフに関しては 5.1.4 項を参照）

2）砥粒の種類（5.1.2 項を参照）

3）砥粒の番手（表 5.2 を参照）

4）砥粒の集中度

このうち、4）砥粒の集中度は、単位体積あたりに含浸する砥粒の量であり、例えば研磨力が求められるめっき前処理（穴加工でのバリ除去用）に使用するバフは集中度を高くし、めっき後のキズ除去、露光前処理研磨においては、目的が異物除去と表面粗化であるため研削量を必要としない集中度の小さいバフを選定する。このように各工程や使用する目的によるバフの選定が非常に重要となる。

前述の通り、不織布バフは、不織布に砥粒を接着剤で固めて作られたバフのことであり、**図 5.2** のようなロール形状をしている。その表面写真を**図 5.3** に示す。バフの不織布の材質はナイロンが一般的であり、砥粒はシリコンカーバイド、アルミナが使われる。また接着剤はフェノール系、エポキシ系、ウレタン系などが用いられる。一般的にフェノール系は物性が硬いため研削力が必要な用途に適しており、ウレタン系は柔らかく粘り気があるため、追従性を求める時に使用される。エポキシ系はその中間として位置付けられる。またバフの形成方法としては、ディスク積層型、フラップ型、ロール型（巻き型）に大別され、それぞれの特長と用途は下記の通りである。

提供：株式会社角田ブラシ製作所

図 5.2　不織布バフ

図 5.3　不織布バフ表面写真

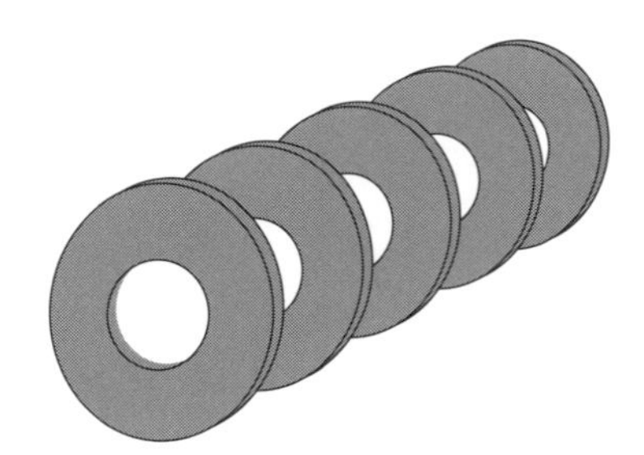

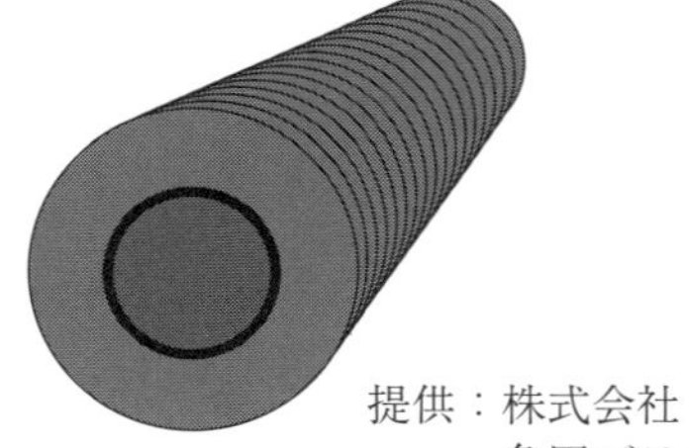

提供：株式会社
　　　角田ブラシ製作所

図 5.4　ディスク積層型

- ディスク積層型（**図 5.4**）

ディスク積層型は追従性がやや劣るが研磨力もある程度大きく、穴だれしにくい。しかしながらバフ原反を並べて使用するため、やや研磨むらが発生しやすい（パネルに当たる面に対する砥粒密度がばらつく）。

- フラップ型（**図 5.5**）

フラップ型は１枚の不織布を幅方向に貼り付けてあるため、整面性に優れる（パネルに当たる面に対しての砥粒密度が平均化している）。追従性に

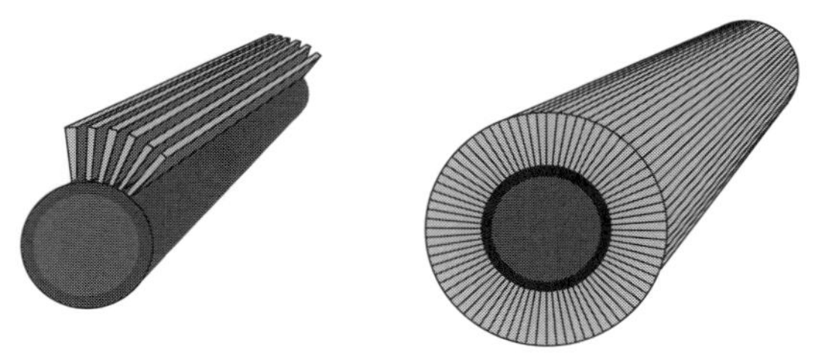

提供：株式会社角田ブラシ製作所

図 5.5　フラップ型

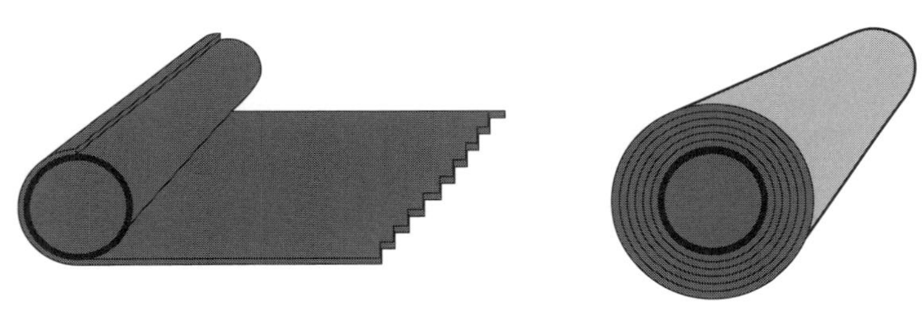

提供：株式会社角田ブラシ製作所

図 5.6　ロール型（巻き型）

も優れるが、積層タイプに比べて硬さが劣るため、穴だれしやすい。

- ロール型（巻き型）*2（**図 5.6**）
  重研削（重研磨）用途。主に巻きを硬くすることで研削力が向上する。ただし硬く柔軟性が低いため、パネルへの追従性は悪い。

5.1.4　セラミックバフ

セラミックバフはセラミックの砥粒を樹脂で固めたシートを弾性のあるロール上に巻き付けた構造の研磨ロールである。ロール表面はゴムシートにより弾性が付与されており、セラミックのシートには網目状にスリットが入れられている（**図 5.7**）。

セラミックバフの最大の特徴は、ミクロ的な凹凸に対しては固い砥石として

＊2　ロール型はコンボリュート型とも呼ばれる。コンボリュート（convolute）とは巻き込み・畳み込みの意味である。巻き込んでできた「回旋状の」という意味もある。

提供：三共理化学株式会社

図 5.7　セラミックバフ

働きながら、マクロ的には、研磨作用面が弾性のあるロールに載っているため、研磨対象物のうねり（周期の長い凹凸、起伏）に追随できることである。

プリント配線板の研磨に用いられるセラミックバフ（セラミックシート）の製法には、次の2つの方法がある。

① 砥粒と樹脂粉を混合し、加熱、プレスして一体化、成型する。
　このバフはポーラスで、固くてもろい。砥粒密度は②の液状樹脂法に比べ低い。研磨すると砥粒がぽろぽろ取れ、新しい刃が現れる（微小破砕）。

② 液状樹脂にセラミック粒子、砥粒を分散させて固化する。
　このバフは①のプレス成型品に比べ砥粒密度は高いが、硬度が低く（やわらかく）、研磨力は若干落ちる。バフのライフは①のプレス成型品より長い。

不織布バフ用の砥粒と同様、セラミックバフの砥粒にもシリコンカーバイドまたはアルミナが用いられる。なおセラミック基板の研磨用にはダイヤモンド砥粒も使われる。

セラミックバフは粒子が細かいため、不織布バフで問題となるようなバフカス（バフ研磨した際に発生する研磨粉）はほとんど問題とならず、また不織布バフと比べて硬く、研削力に優れており、樹脂穴埋め研磨に使用される。

セラミックバフの研削機構については定説がない。スリットの角で、カンナで板を削るように切削するとの説もある一方、バフ表面の砥粒で、砥石を使って包丁を研ぐように研磨するという説もあり、その両方が作用していると思われる。なお一定時間使用した後ドレッシングを行うが、その際、表面、エッジの両方が再生される。

セラミックバフは研削能力が高く、バフカスが出ないなどのメリットについては定評があるが、高価で寿命が短いともいわれている。そこでバフ製造各社ではセラミックバフと従来の不織布バフの中間的な性能のバフが種々開発されている（表 5.1 参照）。

なお、バフの寿命（＝耐久性）は研磨能力と反比例するため、研磨能力の高いセラミックバフの方が寿命は短くなる。またセラミックバフは使用材料コストが不織布バフより高価であり、製造工程もより複雑になるためコスト高になるといわれる。

5.1.5　研磨ベルト

研磨ベルトによる研磨はバフ研磨よりも研磨力が高い。そのため、めっき後のブツ・ザラを短時間で除去する目的での研磨や、積層用中間板研磨に使われることが多い。プリント配線板の研磨で使われる研磨ベルトはレジンベルトとコルクベルトが多い。それぞれの模式図を**図 5.8** に、製品を**図 5.9** に、表面写真を**図 5.10** に示す。

レジンベルトとコルクベルトの比較では、レジンベルトは研磨性に優れ、コルクベルトはライフが長い特徴を有する。これは構造上の問題であり、コルクベルトの方が、砥粒が作用する面積が小さいためである。

砥粒に関しては不織布バフと同じくシリコンカーバイドまたはアルミナが一般的に使われる。砥粒の形状は研磨を進めるにつれ変化し、研磨能力も異なってくる。研磨初期は砥粒が鋭いため、比較的粗い研磨面となる。中期になると砥粒の角が丸みを帯びて研磨面は安定する。最終的には砥粒が脱落し、研磨能力は失われる。

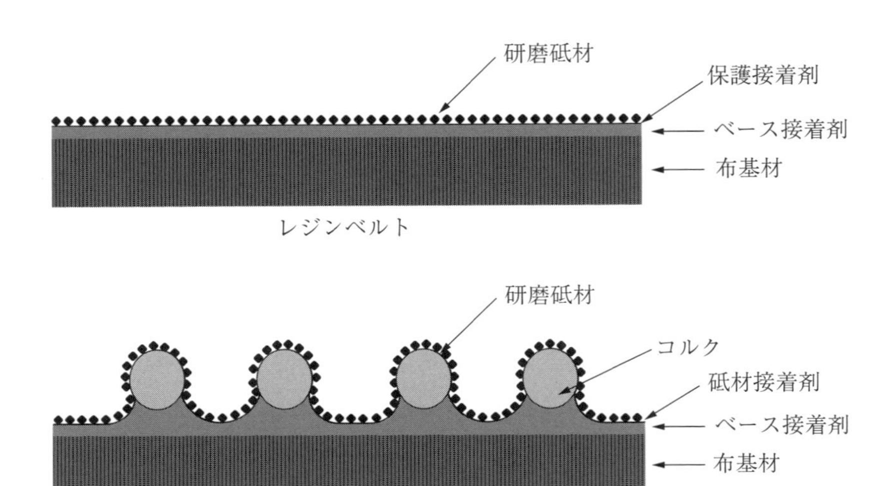

提供：株式会社角田ブラシ製作所

図 5.8　レジンベルト、コルクベルトの模式図

提供：三共理化学株式会社

図 5.9　研磨ベルト

5.1.6　研磨ブラシ

研磨ブラシの毛はナイロンの繊維（フィラメント）に砥粒を練りこんで作られる。砥粒入り毛材拡大写真を**図 5.11** に、研磨ブラシの写真を**図 5.12** に示す。

ブラシでの研磨は、研磨時の圧力を高くしてしまうと毛先が寝てしまうため、研磨は必然的に低圧力下で行うこととなる。そのため研磨力は不織布バフと比

レジンベルト

コルクベルト

図 5.10　レジンベルト、コルクベルトの表面写真

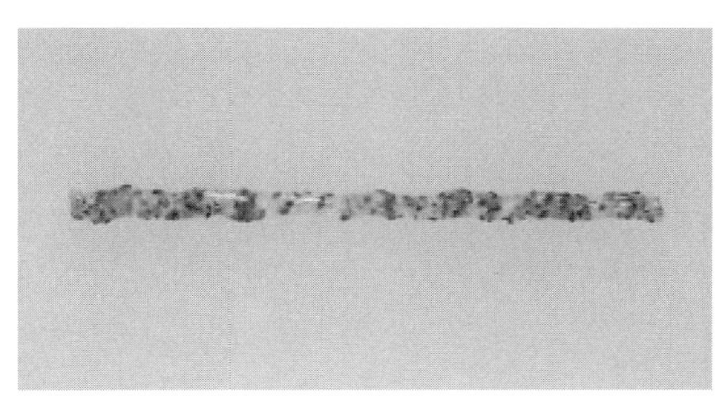

提供：株式会社角田ブラシ製作所

図 5.11　研磨ブラシ　砥粒入り毛材写真

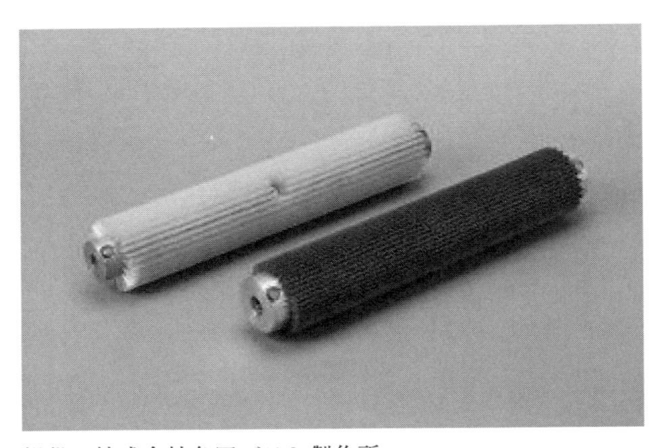

提供：株式会社角田ブラシ製作所

図 5.12　研磨ブラシ

べると劣るが、低荷重下の研磨であるため、薄板基板の研磨に適しており（バフ研磨では荷重が大きいと、パネルがのびることがある）、またキズが入りにくいという特性もある。

ブラシの作製方法（構造）としては、大別して植え込み式とチャンネル式に分類され、さらに植え込み式は手植え式と機械植込み式に分類される（**表 5.3**）。植え込みブラシについて、手植えでは、引き線で束にして二つ折にした毛材を抱え引っ張りこみ、台座に植え込んで作る（**図 5.13**）。機械植えでは丸線で束にして二つ折りとした毛材を、台座に打ち込み固定する（**図 5.14**）。チャンネ

表 5.3　ブラシ種類（作製方法）とそれぞれの利点、欠点

ブラシ種類		構　造	利　点	欠　点
植え込みブラシ	手植え式	半割構造	植替え可能	ストレート構造不可 毛材密度を高くできない
	機械植え	ストレート構造	比較的軽量	半割構造不可 毛丈を長くできない （短寿命）
チャンネルブラシ		ストレート構造	毛材密度が可変できる	半割構造不可、重量大

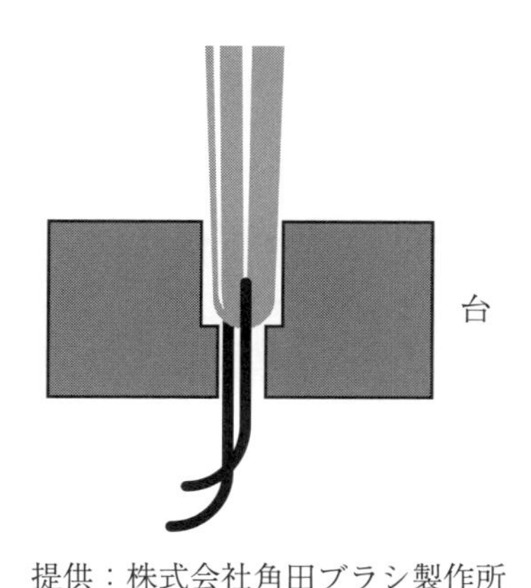

提供：株式会社角田ブラシ製作所

図 5.13　植え込みブラシ　手植え式模式図

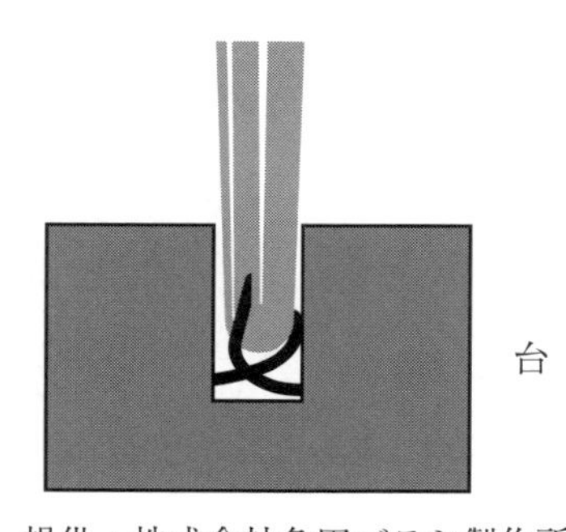

提供：株式会社角田ブラシ製作所

図 5.14　植え込みブラシ　機械植え模式図

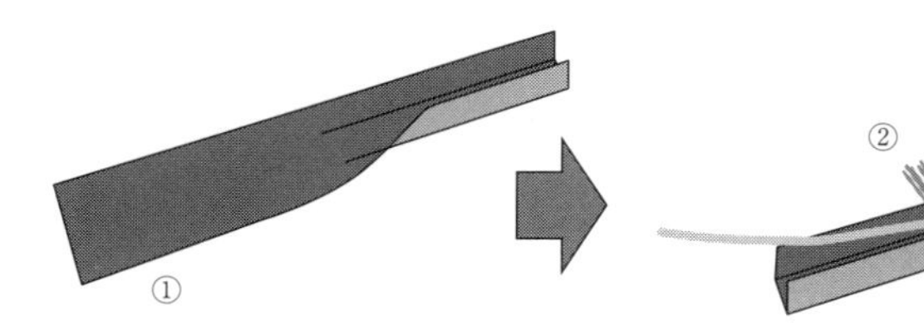

提供：株式会社角田ブラシ製作所

図 5.15　チャンネルブラシ模式図

ルブラシは、**図 5.15** の通り、まず①フープ材を連続的にコの字のチャンネル型に成型した後、②並べた毛材を芯線で上から押さえ込み、左右からかしめて作製する。

5.1.7　研磨スラリー

一般的にスラリーとは粒子を分散させた流動性のある液体のことをいう。なかでも研磨砥粒を分散させたものを研磨スラリーと呼ぶ。研磨スラリーで使用する研磨砥粒の外観例を**図 5.16** に示す。プリント配線板のスラリー研磨では、パミス（軽石を粉砕、精選した研磨粉。主成分はシリカ）またはアルミナ研磨粉を水に分散させて研磨スラリーとし、パネル上にかけながらナイロンブラシ

図 5.16　スラリー研磨砥粒

でかきまわして研磨する。研磨力は小さいが、表面異物の除去と微細な表面仕上げが可能である。

また研磨力を高めるため、研磨スラリーをパネル上に噴射して行う研磨法がある。これをジェットスクラブと称する。

研磨スラリーを使った別の加工法として、液体ホーニング（ウェットブラスト）がある。ノズルから吹き出す高圧エアの噴流に、側面から研磨スラリーを乗せてパネルに噴射する方法である。詳細は次のコラムを参照。

研磨スラリーを用いた研磨は、研磨バフロールを用いた研磨にくらべて研磨力は小さいが、研磨された表面形状の方向性がなく、またパネルのうねりや表面凹凸への追従性に優れている。

研磨スラリーによる研磨では、研磨後の洗浄が重要である。残留研磨砥粒はパターン形成に大きな影響を及ぼすため、高圧で十分な水洗を行う。

コラム

ウェットブラスト加工

ウェットブラスト加工とは、噴射加工のひとつで、水と研磨材の混合液（スラリー）を、圧縮空気を用いてノズルから噴射し加工する方法をいう（**図 5.17**）。液体ホーニングともいう。スラリーを用いたジェットスクラブ法と異なる点は、圧縮空気の噴射力でスラリーを飛ばして表面を研磨する点にある（これに対して、ジェットスクラブ法はスラリーの液自体をポンプで圧送して噴射する）。

プリント配線板の製造においては、あまり普及している技術ではないが、つぎのような応用例がある。

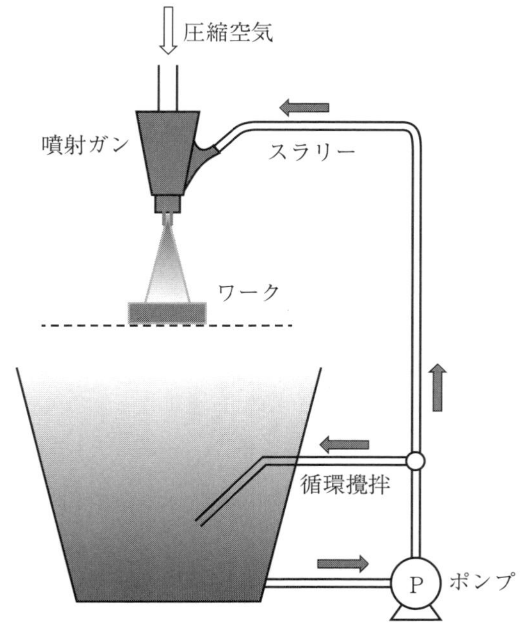

図 5.17　ウェットブラスト（液体ホーニング）模式図

(1) 孔壁研磨

スルーホールのドリル加工で切り粉などが穴内に残ると、スルーホールめっきの穴詰まり等の不良の原因となる。これを防止するため、穴あけ後に孔内を高圧水洗により洗浄するのが一般的である。

ここでウェットブラスト法を使う場合がある。切り粉の洗浄だけではなく、さらに孔壁研磨も行うためである。

めっきスルーホールの孔壁に大きな凹凸があり、銅めっきの平滑力（レベリングパワー）だけでは平滑化ができない場合には、**図5.18**のような折りたたみめっき（plating folds）ができてしまう。フローはんだ付けの際にこのめっき不連続部を通って、溶融はんだで満たされた孔内に蒸気が侵入し、はんだを穴からはじき出してしまい、細かい球形のはんだ（はんだボール）を周辺にまき散らし、はんだ接続自体もはんだ量不足になり良好な接続が得られない。このような不良を『ブローホール』と呼ぶ。

このような場合に、孔壁の凹凸を低減するために、ウェットブラスト（液体ホーニング）で孔壁研磨を行うと有用である（ただし基本的には、穴あけ技術の改善により孔内凹凸を低減し、めっき液の管理向上によりレベリング能力を保ち、根本原因を解決するのが正道である）。

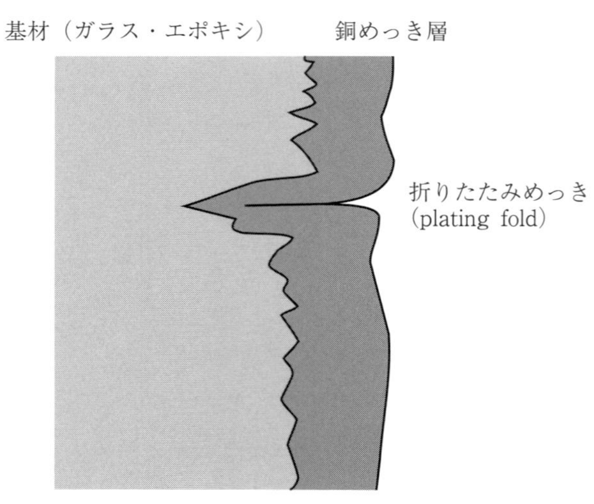

図 5.18　折りたたみめっき（plating fold）

ウェットブラスト加工は、表面だけではなく穴の中などの凹部にも砥粒が届き研磨作用があることを利用したテクニックである。

(2) デスミア（スミア除去）

これも孔壁研磨と同じメカニズムである。

機械穴あけで発生したレジンスミアの除去には様々な方法があるが、当初は

①プラズマ処理（ドライプロセス）

②ウェットブラスト加工（機械加工）

③薬品による溶解除去（化学プロセス）

の3方法があった*3。穴あけ技術の進歩と、③の化学プロセス（特に過マンガン酸塩を用いた処理法）の開発・普及により、現在ではデスミアのためにウェットブラストを用いることはほとんどない。

(3) レーザー穴あけ後のビア内の洗浄

スルーホールの機械ドリル加工の場合にレジンスミアが発生するのと同じように、有底ビアのレーザー穴あけでも、孔壁からのガラスクロスの突出、ビア底の銅パッドへの樹脂残り（スミア）などの現象が発生する。それを除去するためには化学薬品処理が主流であるが、ウェットブラスト加工も推奨されている[文献2]。

これも、ウェットブラストでは砥粒が凹部に届くため、穴の内部（孔壁と底部）が研磨できる点を利用した方法である。

(4) その他の用途

ウェットブラスト加工機のメーカーであるマコー㈱のウェブページには、

＊　金めっき前洗浄（ソルダーレジスト残渣の除去）

＊　部品内蔵基板の表面研磨による内蔵部品の露出

などのウェットブラストの応用例が紹介されている[文献3]。

＊3　例えば、1993年の解説記事[文献1]によると、デスミアに関し「その処理法としては、化学薬品処理、液体ホーニング、プラズマ処理法がある。最近は過マンガン酸を用いた化学処理法が普及している」と記述されている。

5.2　機械研磨装置

5.2.1　バフ研磨機

バフ研磨機の研磨ツールは**図 5.19** に示すように、一般的には直径 120〜150 mm くらいの筒状（円柱状）の不織布バフ、セラミックバフ、ブラシである。

バフ研磨機は機械研磨の装置として最も多く使用されており、基本的に、ローラーによる搬送機構にバフ駆動部が配置された構造になっている。セラミック基板のように小さな製品の場合、それを安定して搬送できる構造のベルト搬送機構も用いられている。

研磨可能なパネルの大きさは、回転している研磨バフで飛ばされないようにパネルを押さえる必要があるため、進行方向の長さが最低 200 mm 程度は必要である。また、パネル幅は、特殊仕様の場合 1000 mm が研磨できる装置もある。板厚は 0.08〜10 mm まで対応可能であるが、汎用機としては 0.08〜3.2 mm の範囲が多い。

装置単体の写真を**図 5.20**、バフ研磨ラインの実例を**図 5.21** および**図 5.22**、

(1) 不織布バフ

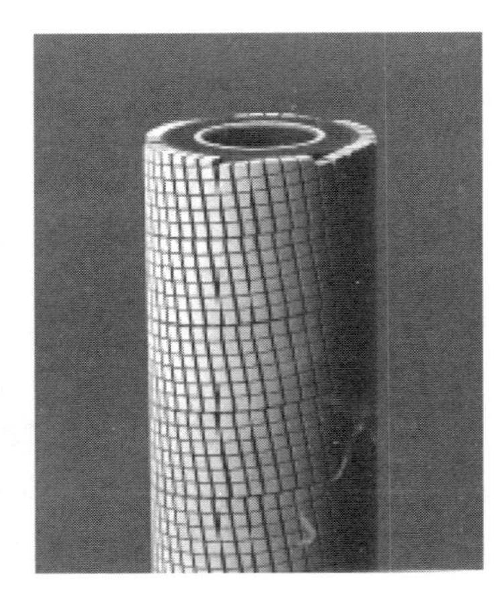
(2) セラミックバフ

資料提供：株式会社角田ブラシ製作所

図 5.19　バフ研磨機の研磨ツール

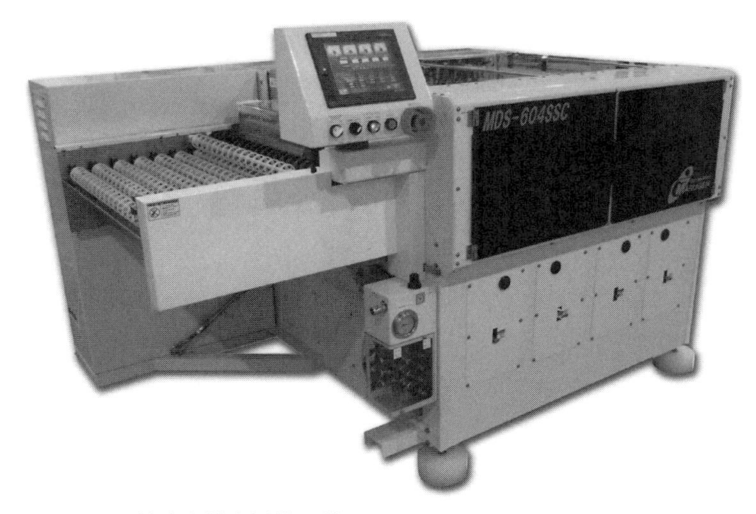

資料提供：株式会社丸源鐵工所

図 5.20　バフ研磨機外観

図 5.21　6 軸バフ研磨機

資料提供：フジ・エレック株式会社

図 5.22　4 軸バフ研磨機＋4 軸バフ研磨機

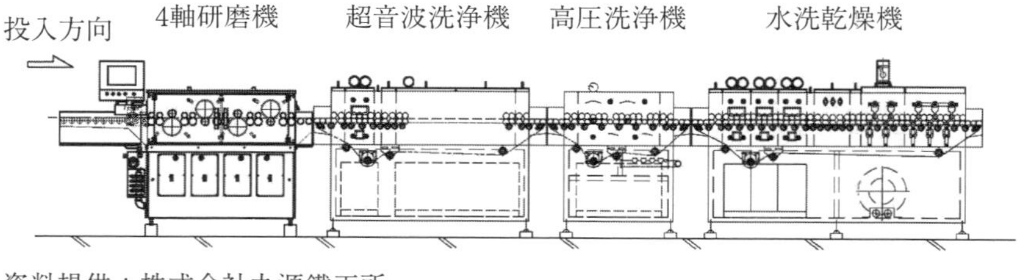

投入方向　4軸研磨機　超音波洗浄機　高圧洗浄機　水洗乾燥機

資料提供：株式会社丸源鐵工所

図 5.23　バフ研磨ライン構成例（1）

ライン構成例を**図 5.23**、**図 5.24**、**図 5.25**、**図 5.26** に示す。

パネルに異物が付着したまま後工程に流れてしまうと品質問題の原因となる。それを防止するため、図 5.23 および図 5.24 のように、研磨後には超音波水洗や高圧水洗（圧力例：3～15 MPa）を設置する場合が多い。

図 5.24 のライン構成のように、投入部に設置した板厚測定機にてパネルの厚さを自動測定し、バフ軸位置（パネル厚、研磨圧を考慮したバフの高さ位置）

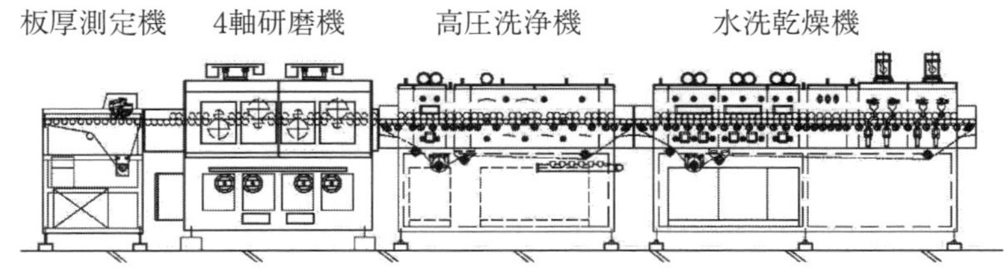

資料提供：株式会社丸源鐵工所

図 5.24　バフ研磨ライン構成例（2）

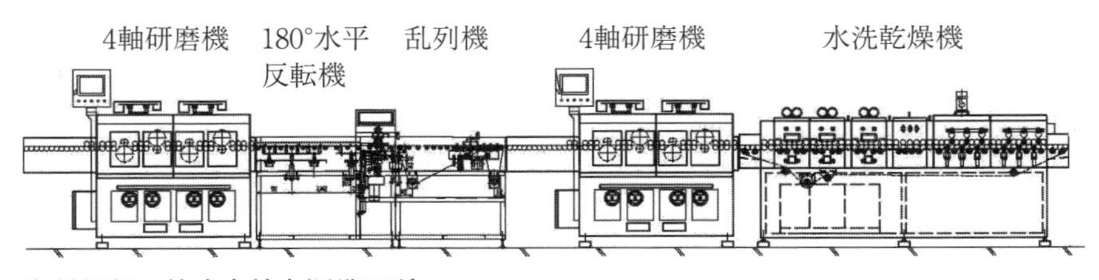

資料提供：株式会社丸源鐵工所

図 5.25　バフ研磨ライン構成例（3）

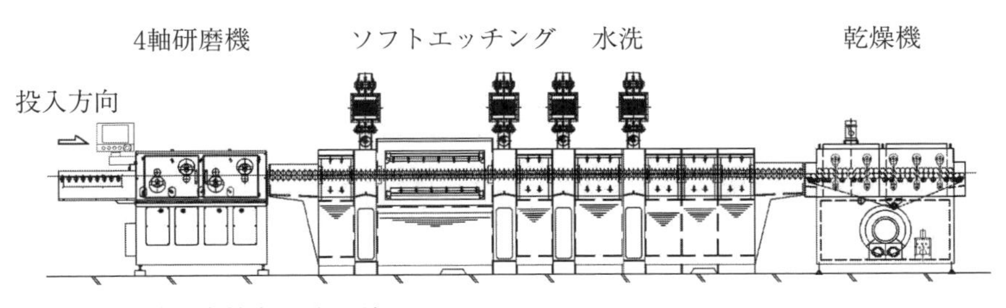

資料提供：株式会社丸源鐵工所

図 5.26　バフ研磨ライン構成例（4）

をリニアスケールまたはエンコーダで数値化し自動制御する機構もある。**図 5.27** に板厚測定部の例を示す。

図 5.25 のライン構成のように、前半の研磨機で研磨した後に、パネルを水平に 180°（または 90°）転換し、後半の研磨機で研磨方向を変えて研磨する構成

図 5.27　板厚測定機

もある。

図 5.26 のライン構成は、回路形成前処理ラインおよびソルダーレジスト前処理ラインに適用されることがある。バフ研磨機で銅表面に付着している異物を除去した後、化学研磨を行い、銅表面を粗面化する構成となる。

ここからは各部位の機構について説明する。

(1) 搬送ローラー

パネルを安定して搬送、研磨するためには**図 5.28** のように研磨ツールに対向してバックアップローラーが配置され、研磨ツールの前後にはピンチローラーが配置される。

パネル下面研磨部のバックアップローラーの高さは、研磨するパネルの板厚に応じて、ボールネジ等で上下動する機構になっている。上面研磨部のバックアップローラーの高さは固定されている。

バックアップローラーは耐摩耗のためセラミックが使用される。しかし、穴埋め後の研磨のようにパネル表面に突起しているものを研磨する場合、突起物がある程度削られるまではウレタンゴムが使用される。

ピンチローラーはパネルが通過するときに板厚に応じて持ち上がる。ピンチ

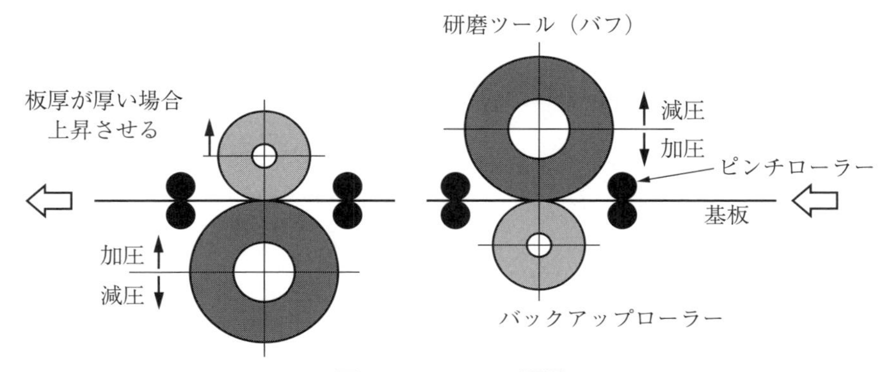

図 5.28　ローラー配置

ローラー両端の軸受けはスプリングで押さえられており、その力でローラーがパネルを押さえている。厚板の場合はスプリングでは対応しきれず、エアシリンダーを使用して押さえる場合もある。

(2) バフ軸上下駆動

研磨圧をバフ軸駆動モーターの負荷電流値で代用し自動制御する機構がある。電流設定値（管理値）および設定値前後の管理幅を入力しておき、エンコーダにて進行方向のパネル位置を計算し、パネルには常に設定圧がかかるように自動的に加圧、減圧を行っている（図 5.28）。

薄いパネルの場合、パネル後端がバフから出るときにバフの回転勢いで飛ばされることにより、折れが発生することがある。それを防止するために、パネルが出るタイミングでバフの回転を停止させたり、バフをパネルから離す（減圧させる）機構がある。

(3) バフ偏摩耗防止

バフ寸法はパネル幅より大きいことが多いため、絶えず同じ位置で研磨するとバフは偏摩耗し、バフの中央部が両端部よりも減ってしまう。そのような偏摩耗を抑えるために、次のようなことが行われる。

①パネルの投入位置を左右交互にずらして投入することにより、バフの同じ

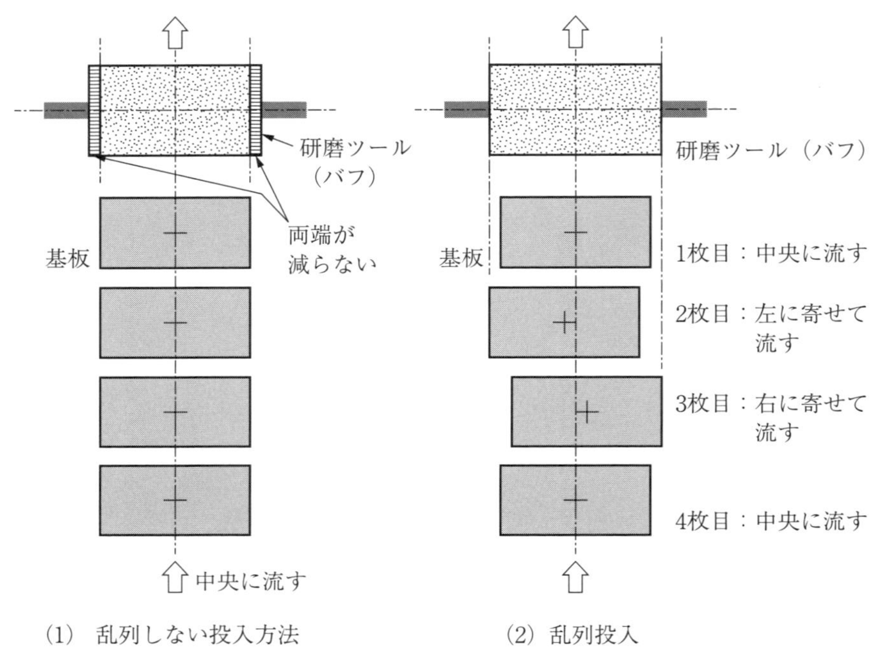

図 5.29　乱列機の動作

場所が摩耗しないように、摩耗を左右に分散させる（乱列なし：**図 5.29 (1)**、乱列あり：**図 5.29 (2)**）。

②バフを左右に動かすことで偏摩耗を抑制する（オシレーション機構：**図 5.30**）。また、この機構の目的は研磨面の粗度のばらつきを小さくすることでもある。

(4) 周速一定機構

バフが消耗することで、バフの直径は小さくなり周速が変化してしまう。そこで、周速を一定にするために、バフがパネルに接した時のバフ軸の高さ位置をリニアスケール等で検出することでバフの直径を計算し、バフ軸駆動モーターの回転数をインバータ制御により変化させる機構もある。

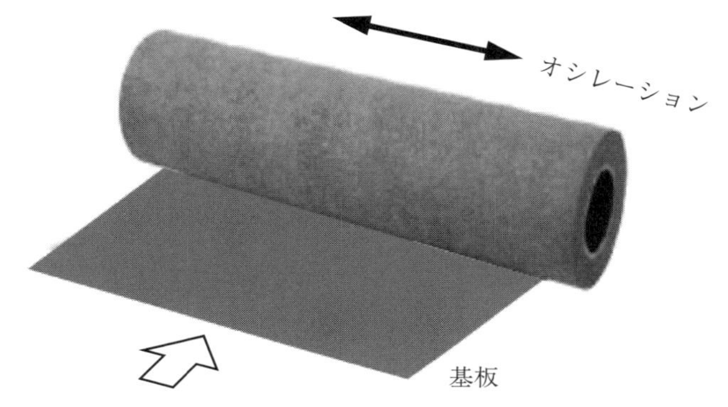

図 5.30　オシレーション機構

(5) 薄板対応

パネルの片面を研磨した場合、両面の歪がバランスするようにパネルは反ってしまい、パネルが薄くなると、その傾向は大きくなる。

薄板の表裏を研磨する場合でも、まず表面を研磨し、ついで裏面を研磨する方法が一般的だが、研磨バフを上下同じ位置に配置し、ぎりぎりまで近接してピンチローラーを置いた両面同時に研磨する研磨機もある。

このように、研磨機構や搬送機構に工夫することや、(2)項に述べた機構により薄いパネルでも研磨可能になってきている。

(6) スプレー水管理

不織布バフは研磨中に絶えず水分を含んでいないと、バフ表面は目詰まりを起こしてしまい均一に研磨できなくなる。そのため、**図 5.31** のようにバフとパネルの接点付近に均一に水をスプレーする必要がある。研磨作業としては、この位置にスプレーすれば十分であるが、不良原因となる「バフカス」等の異物を除去するためには、スプレー本数を増やしバフの前後にスプレーすることが基本になってきている。

また、バックアップローラーに異物が付着すると打痕不良になる。その予防策としてバックアップローラーにもスプレーする構造もある（**図 5.32**）。

また、研磨ツールがブラシの場合は、「バフカス」が生じることもなく、不織

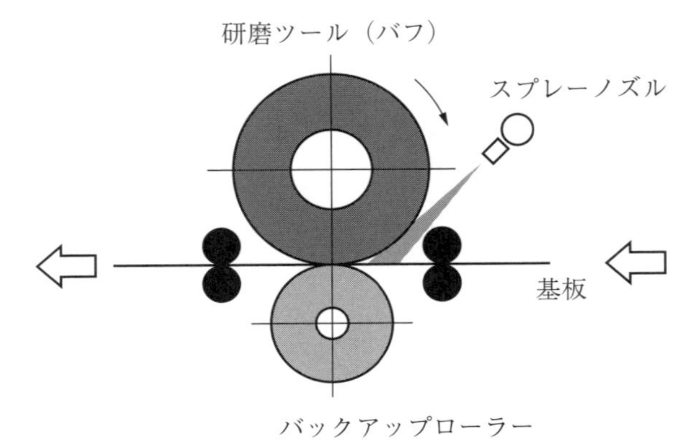

図 5.31　研磨時のスプレー位置（1）

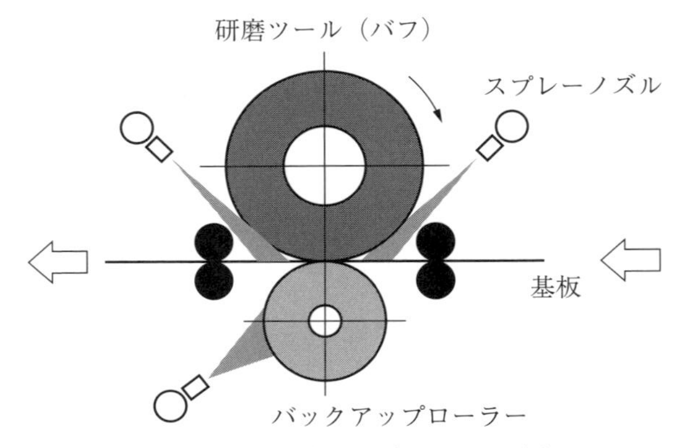

図 5.32　研磨時のスプレー位置（2）

布バフの場合ほどスプレー量を増やす必要はない。

スプレーされた水には研磨により発生した銅粉等の異物が混入し、その銅粉等は濾過で除去することで水を再利用している。そのための濾過機としては、濾布方式（**図 5.33**）またはカートリッジフィルター方式のものが使用される。

5.2.2　ジェットスクラブ研磨機

砥粒を水に分散させた溶液（スラリー）をパネル表面にスプレー噴射する装

資料提供：フジ・エレック株式会社

図 5.33　濾過器（濾布方式）

UCE 宇宙集團 UCE GROUP

図 5.34　ジェットスクラブ研磨機外観

置であり、方向性のない粗化面が得られる。

装置単体の写真を**図 5.34**、後工程の水洗までのモジュール構成例を**図 5.35**に示す。

この装置では、

① 砥粒が十分に分散しない

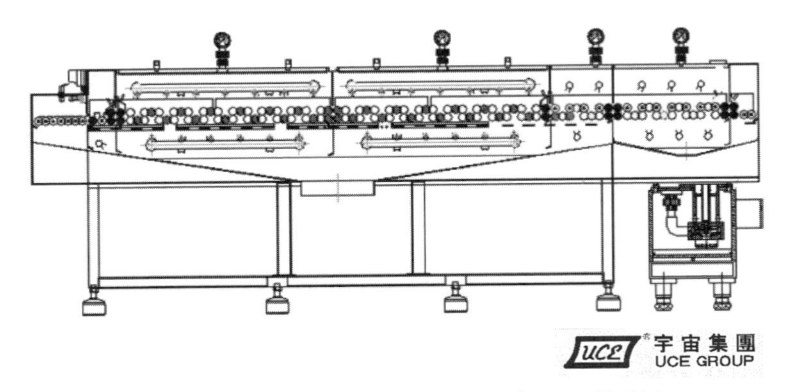

図 5.35　ジェットスクラブ研磨機モジュール構成例

② 研磨を繰り返すことにより砥粒径が小さくなる

③ 砥粒の持ち出しにより砥粒が減る

のような不具合を未然に防止し、安定した均一の粗化面を得ることが重要となる。

①に関しては、砥粒管理槽内の温度管理および攪拌を適正に行うことで対処している。管理槽は**図 5.36** のような円形の槽であり、冷却機能、攪拌機能、ス

図 5.36　ジェットスクラブ管理槽

図 5.37　サイクロン機器

プレーポンプが取り付けられている。

②と③については、サイクロン方式を利用した分離機構を取り付け、研磨に使用できる大きさの砥粒を管理槽に戻して再利用している。**図 5.37** にサイクロン機器、そのサイクロン機器を使用した濾過系統図を**図 5.38** に示す。この方式では砥粒が２段階で効率よく分離されるようにサイクロン機器が構成されている。

砥粒によりチャンバー内の部品は摩耗しやすくなる。搬送ローラーは摩耗しにくいゴム製（**図 5.39**）が使用されることが多く、スプレーにて飛散した砥粒が搬送ギヤ等に付着しないような遮蔽構造が重要となる。また、スプレー管は端部が行き止まりになっていると砥粒が堆積してしまうためループ状になっている（**図 5.40**）。

ジェットスクラブ研磨工程ではパネルに砥粒が突き刺さったり、スルーホールやパターン間に砥粒が残ったまま後工程にいってしまうと不良原因となるため、研磨後には中圧水洗（圧力例：0.5 MPa）、超音波水洗等による十分な洗浄が必要となる。

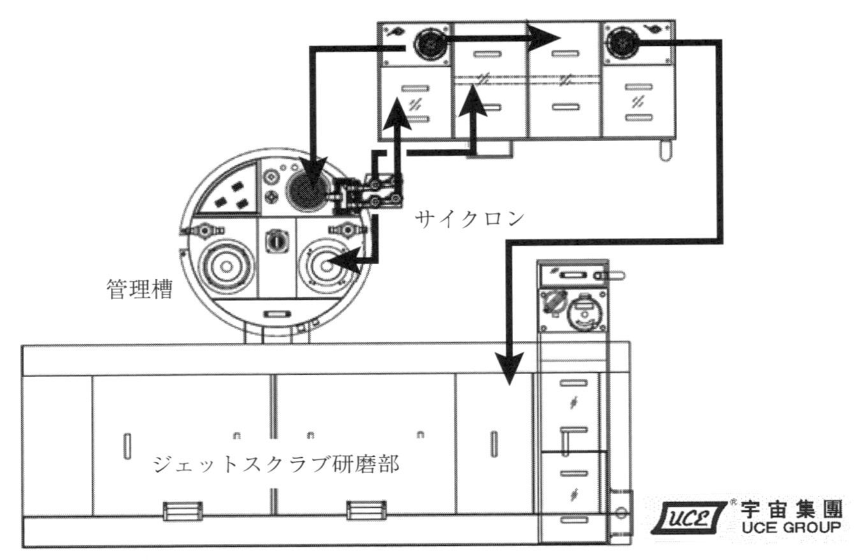

図 5.38　砥粒分離系統図

図 5.39　ジェットスクラブ研磨部搬送ローラー

5.2.3　ベルト研磨機

エンドレスベルトの表面に砥粒を付着させた研磨ツール（5.1.5 項参照）を研磨駆動部に装着し、高速回転させてパネル表面を研磨する装置である。基本構

UCE 宇宙集團 UCE GROUP

図 5.40　ジェットスクラブ研磨スプレー管

造としてベルト搬送による搬送機構に研磨ベルト駆動部が配置されている。

ベルト研磨ラインの実例を**図 5.41**、装置写真を**図 5.42**、ベルト研磨ライン構成例を**図 5.43** に示す。

図 5.41 は、ベルト研磨機（下面研磨）—水洗—ベルト研磨機（上面研磨）—水洗の構成であり、図 5.42 および図 5.43 は、基本構成がベルト研磨機（上面研磨）—反転機—ベルト研磨機（上面研磨）の構成である。図 5.43 の構成は、ベルト研磨機で粗研磨した後、バフ研磨機で仕上げ研磨するラインとなっている。パネルの厚さを板厚測定機にて自動測定し研磨ベルト位置（パネル厚、研磨圧を考慮したパスラインと研磨ベルトとの位置関係）を自動制御する機構もある。

ベルト研磨部の内部構造の模式図を**図 5.44** に示す。

ここからは各部位の機構について一例を説明する。

(1) 安定搬送

パネルを安定して搬送、研磨するために、研磨部前後には**図 5.45** のようにパネルを押さえるためのピンチローラーが配置される。

図 5.41　ベルト研磨ライン実例

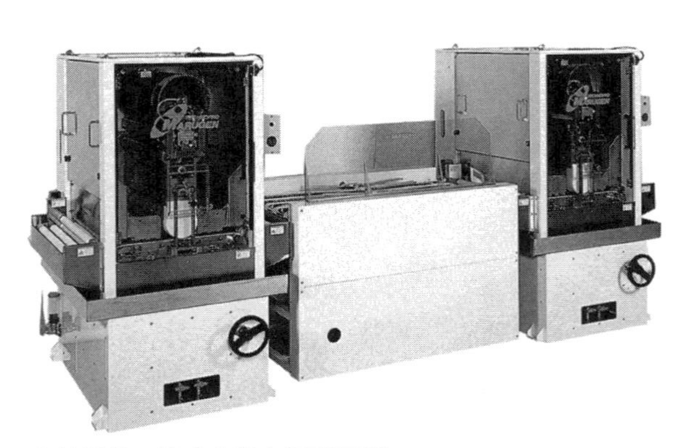

資料提供：株式会社丸源鐵工所

図 5.42　ベルト研磨機

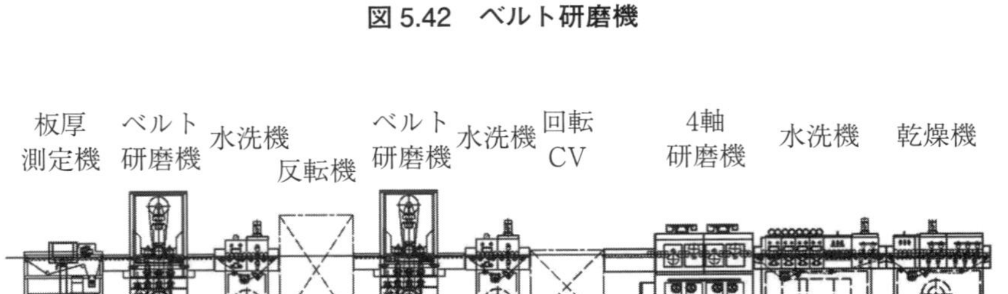

板厚測定機　ベルト研磨機　水洗機　反転機　ベルト研磨機　水洗機　回転CV　4軸研磨機　水洗機　乾燥機

資料提供：株式会社丸源鐵工所

図 5.43　ベルト研磨ライン構成例

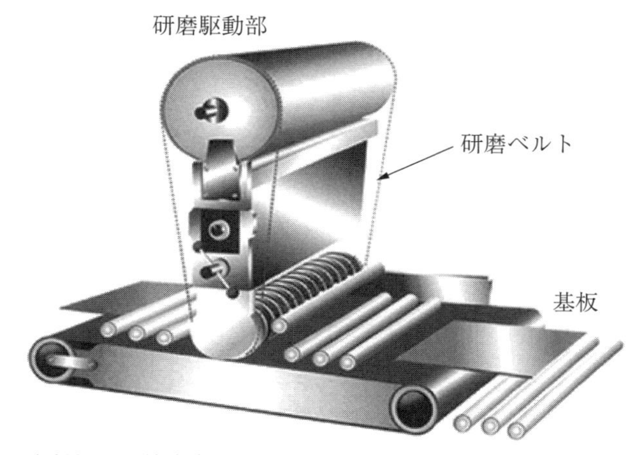

資料提供：株式会社丸源鐵工所

図 5.44　ベルト研磨機内部模式図

図 5.45　ベルト研磨機内部

(2) 研磨ベルト上下駆動

パネルがないときは搬送ベルトと研磨ベルトは離れており、パネルの侵入をセンサーが検出して研磨ベルトが上下動してパネルに当たる。パネルが通過するタイミングで研磨ベルトは再び離れる。

研磨圧を研磨ベルト駆動モーターの負荷電流値で代用し自動制御する機構が

ある。電流設定値（管理値）および設定値前後の管理幅を入力しておき、研磨中のパネルには常に設定圧がかかるように加圧、減圧を行う。

(3) 研磨ベルト偏摩耗防止

研磨ベルト幅はパネル幅より大きいことが多いため、絶えず同じ位置で研磨すると研磨ベルトは偏摩耗し、研磨ベルトの中央部が両端部よりも減ってしまう。そのような偏摩耗を抑えるために、次のようなことが行われる。

① パネルの投入位置を左右交互にずらして投入することにより、研磨ベルトの同じ場所が摩耗しないように、摩耗を左右に分散する。

② 研磨ベルトを左右に動かす（オシレーション機構）。

(4) ベルト蛇行防止

研磨ベルト回転中に研磨ベルトは蛇行（片寄り）が発生する。研磨ベルト端をセンサーで検出し、エアシリンダー等で自動的に蛇行を修正する機構がある。

(5) スプレー水管理

研磨中の研磨ベルトは絶えず水分を含んでいないと目詰まりを起こしてしまい、均一に研磨できなくなる。そのため、図 5.45 のように研磨ベルトとパネルの接点付近に均一に水をスプレーしている。また、研磨後のパネル上には銅粉が付着しており、それもスプレーにて除去し、ローラーへの付着を防止している。

研磨中は水をスプレーしながら銅表面を研磨するため、水に混入した銅粉等はバフ研磨機の場合と同じように濾過機にて濾過して水を再利用している。

5.2.4 平面バフ研磨機

シート状の不織布バフ等を研磨部台座に装着して、水平に振動させ表面を研磨する装置である（電動工具オービタルサンダーの原理）。バフが面接触するため一度の研磨面積が大きく方向性の少ない研磨が可能である。「ブツ・ザラ研磨」および薄いパネルの研磨に適している。

装置単体は**図 5.46** のような外観をしており、片面の研磨であるためパネルは表裏反転して他面を研磨しなければならない。その装置構成例を**図 5.47** に示す。

ここからは各部位の機構について説明する。

(1) オシレーション機構

バフ研磨機、ベルト研磨機は研磨ツールを進行方向に回転させているが、平面バフ研磨機では**図 5.48** のように左右方向のオシレーション機構と円運動となるバイブレーション機構を併用しているため研磨の方向性が少ない。

資料提供：株式会社丸源鐵工所

図 5.46　平面研磨機外観

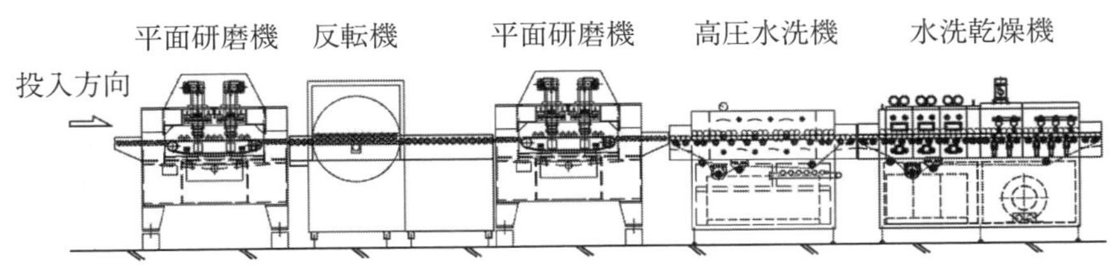

資料提供：株式会社丸源鐵工所

図 5.47　平面研磨ライン構成例

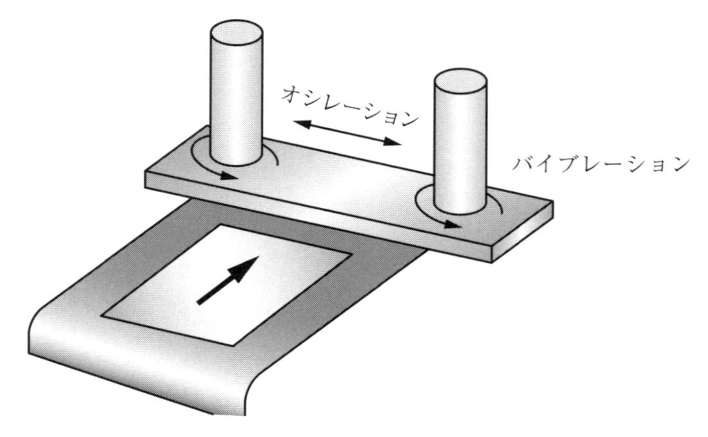

資料提供：株式会社丸源鐵工所

図 5.48　平面バフでの研磨方向

(2) バフ上下駆動

バフは自動的に減圧方向に退避（上昇）させておき、パネルが入ってきたときに加圧し、出るときに減圧する動作を繰り返す。これにより、薄いパネルの巻き込みや、搬送ベルトの無駄な摩耗を抑えている（**図 5.49**）。研磨圧も制御し、一般的に「ブツ・ザラ研磨」の場合、薄いパネルの研磨よりも加圧して研磨圧を上げている。

5.2.5　ブラシ研磨機

ここでは、大きな研磨力が必要ない研磨工程で使用するブラシ研磨機に絞って説明する。

バフ研磨機においてもブラシが使用される場合があるが、その研磨は研削力も必要としており、不織布バフ等も併用する場合が多い。ここでいうブラシ研磨機はナイロン等の繊維に研磨材を付けた研削力は比較的小さな研磨ツールに限定する。

基本構造はバフ研磨機と同じく、ローラー搬送またはベルト搬送による搬送機構にブラシ駆動部が配置されているが、バフ研磨機よりも筐体の剛性は小さ

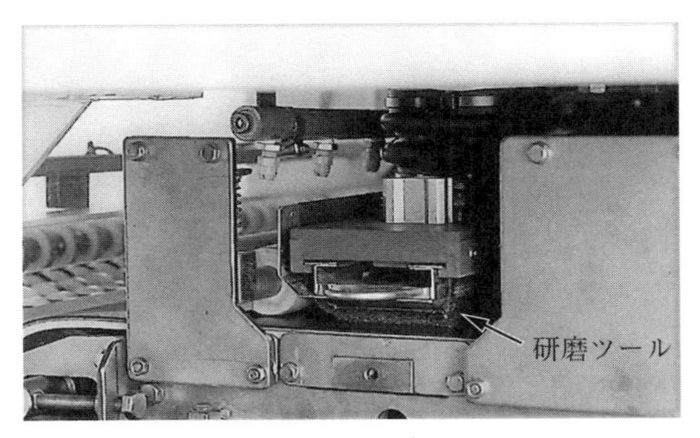

資料提供：株式会社丸源鐵工所

図 5.49　平面バフ駆動部

い。

図 5.50、**図 5.51** にブラシ研磨機の例を示す。

ここからは各部位の機構について説明するが、基本的にバフ研磨機と同じである。

(1)　搬送構造

図 5.52 は研磨部の内部である。プリント配線板の最終製品における研磨（洗浄）はベルト搬送の構造も多い。

資料提供：株式会社ケミテックマシン

図 5.50　ブラシ研磨機外観

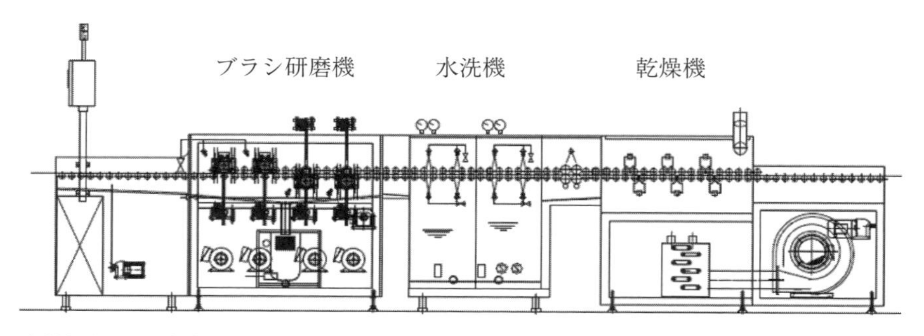

資料提供：株式会社ケミテックマシン

図 5.51　ブラシ研磨ライン構成例

図 5.52　ブラシ研磨機内部

製品を安定して研磨、搬送するためにブラシ前後にはピンチローラーが配置される。

(2) ブラシ管理

図 5.53 のハンドルにて研磨圧を調整するような簡単な機構が多い。

ブラシはバフほど摩耗することはないため偏摩耗も少なく、ドレッシング機構は必要ない。

(3) スプレー水管理

研磨中のスプレーはバフ研磨機と同様に行う必要がある。しかし、「バフカ

資料提供：株式会社ケミテックマシン

図 5.53　ブラシ研磨機調圧機構

ス」のような異物や銅粉が生じることもないため、スプレー量を増やす必要はない。

スプレーされた水には異物も混入するため濾過して水を再利用している。そのための濾過機としては、カートリッジ方式が使用されることが多い。

5.3　研磨の条件管理とメンテナンス

各製造工程の研磨作業は、その研磨目的を達成するための作業条件および管理項目を規定している。その作業条件を遵守することで一定の安定した研磨面を得ることが重要である。

以下に各研磨工程で管理すべき内容についてまとめる。

5.3.1　製品品質管理項目

(1) 不良とその原因

研磨工程で発生する不良とその原因について、研磨機毎にまとめて**表 5.4** にしめす。

(2) 管理項目

各不良に対して装置に関する管理項目は以下の通りである。

表 5.4　製品不良原因と研磨機の関係

不良内容	原　因	バフ研磨	ジェットスクラブ研磨	ベルト研磨	平面バフ研磨	ブラシ研磨
研磨ムラ	スプレー水不足	○		○	○	△
	研磨ツール偏摩耗	○		△	○	△
	ノズル異常		○			
スクラッチ（傷）	スプレー水不足	○		○	○	△
	研磨ツール傷・異物	○		○	△	△
	研磨ツール（新品）	△		○	△	
打　痕	堆積異物	○		△	△	
研磨過不足	研磨圧	○		○	△	
	ポンプ異常		○			
異物付着	スプレー水不足	○	△	△	△	

○：発生頻度大、△：発生頻度小

① スプレー水が原因となる研磨ムラ・スクラッチ（深い傷）・打痕…5.3.2（1）項
② 研磨ツールの偏摩耗が原因となる研磨ムラ…5.3.2（2）項
③ 研磨ツールが原因となるスクラッチ…5.3.2（2）項
④ 研磨量の管理…5.3.2（3）項
⑤ 異物付着…5.3.2（4）項

(3) その他の項目

前項以外に次の品質に関しても管理する必要がある。

①表面粗さ

バフ研磨の場合、バフの番手により表面粗さが異なる。各処理工程に必要となる表面粗さを得るために、番手の選定、異なる番手のバフの組み合わせが必要である。

ベルト研磨の場合もベルト基材の種類および番手により表面粗さが異なる。各処理工程で必要となる研削力を得るためにはベルト基材の種類を変えて使用している。**図 5.54** はレジンベルト＃800 を使用した研磨後の表面写真および表面粗さグラフ（研磨目と直交）、**図 5.55** はコルクベルト＃600 での表面写真および表面粗さグラフを示す。コルクベルト研磨では基板基材の影響を受けて「うねり」があり、追従性が良いことがわかる。一方、レジンベルト研磨では追従性は良くなく、研削性が大きいことがわかる。

ジェットスクラブ研磨の場合も砥粒番手によって表面粗さは異なる。ジェットスクラブ研磨後の表面粗さの例として、**図 5.56** にレジンベルトでの研磨後にジェットスクラブ研磨を行った場合の表面写真および表面粗さグラフを示す。図 5.54 のベルト研磨のみと比較すると、表面粗さグラフでは変化はないが、表面写真ではジェットスクラブ研磨による粗面化が観察できる。

②パネル伸び

板厚が薄くなるとパネルは研磨により伸びやすくなる。どの研磨方法を用いた場合でも、薄いパネルは研磨圧を抑えて処理することが重要となる。

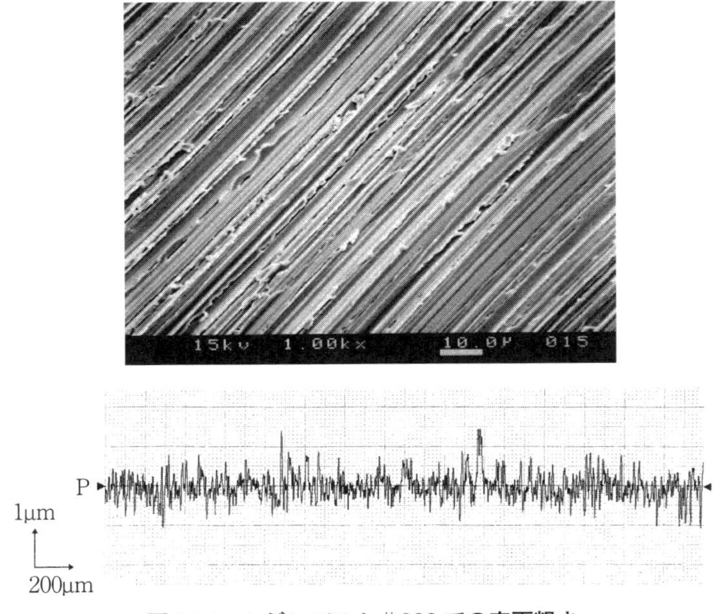

図 5.54　レジンベルト＃800 での表面粗さ

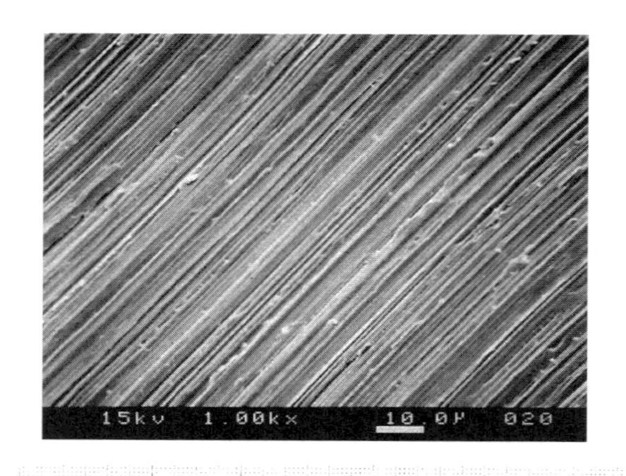

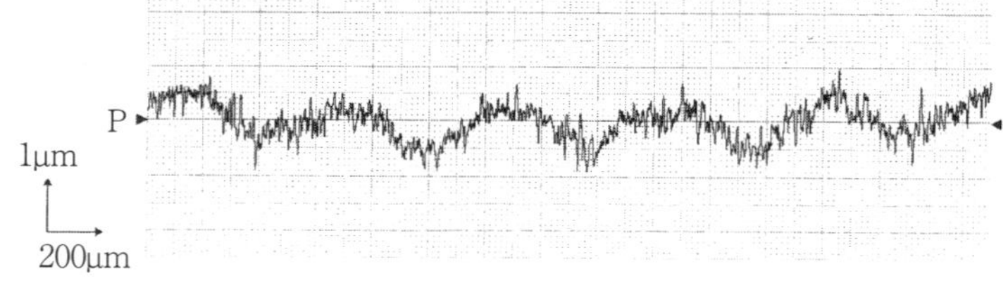

図 5.55　コルクベルト＃600 での表面粗さ

5.3.2　装置管理項目

(1) スプレー水管理

どの研磨機においても研磨部に供給するスプレー水に使用するノズルの詰まりがないことを日常的に管理することが重要である。

特に、バフ研磨機やベルト研磨機において、ノズル詰まり等で水量が不足すると水の当たらない部分でバフや研磨ベルトの脱粒や目詰まりを起こし、研磨ムラやスクラッチが発生する（**図 5.57**）。また、銅粉や異物が研磨機内部やローラーに付着しやすくなり打痕の原因にもなる。

(2) 研磨ツール管理

①バフ

研磨作業を続けていると、バラ表面の砥粒の脱落、目詰まりによる研磨能力の低下や、研磨ムラがでてくる。バフ研磨の仕上がり品質を一定に保つた

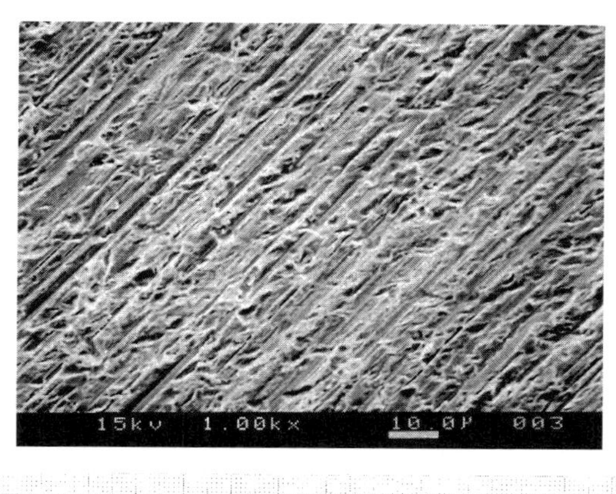

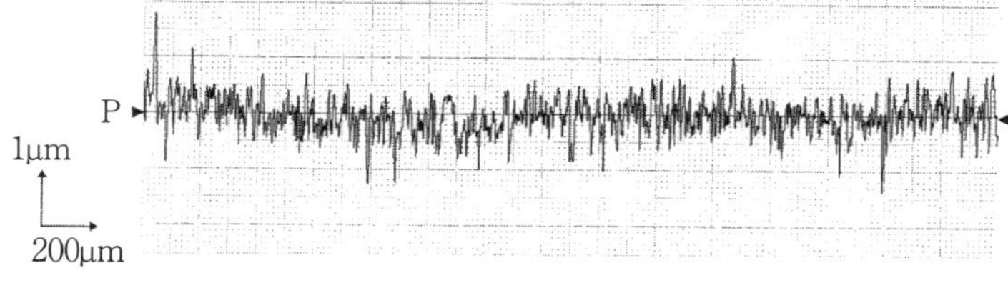

図 5.56　レジンベルト研磨＋ジェットスクラブ研磨での表面粗さ

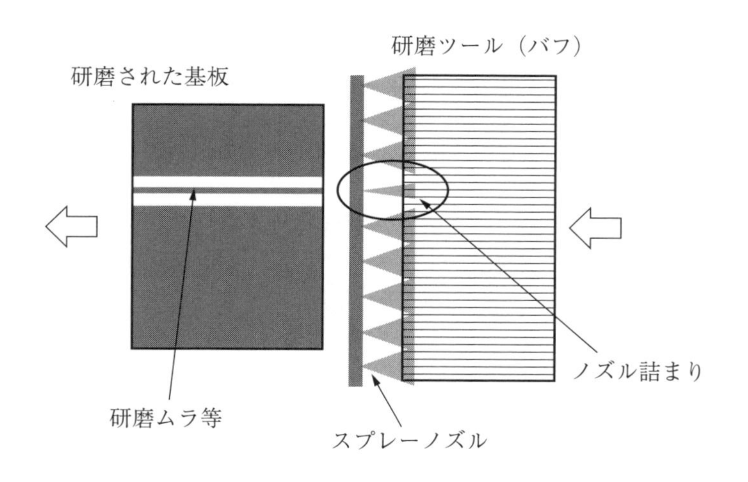

図 5.57　スプレー水不足による不良

めには、定期的にバフ表面に新規砥粒面を露出させて研磨能力を回復させなければならない。この作業を「ドレッシング」と呼ぶ。またバフの局部的な変形（バフの芯振れ、表面の片減りなど）を整える作業は「ツルーイング」と呼んでいる。ツルーイングは「形直し」と呼ばれ、ドレッシングは「目直し」となる。プリント配線板の研磨ではあわせてドレッシングと呼ぶことが多い。

このように、バフの研磨力低下、変形、偏摩耗等による不良発生を未然に防ぎ、安定した研磨を行うために、日常的にまたは定期的にドレッシングを行うことが重要である。ドレッシング作業についての詳細は、5.3.3（1）項を参照。

②研磨ベルト

研磨ベルトの研磨剤層は薄いためドレッシングで削ることは行わない。研磨ベルトの偏摩耗はダミー板を使用して修正する。

新品のレジンベルトはスクラッチが発生することが多いため、その時は、ダミー板を使用し慣らすことが重要である。

(3) 研磨量

①バフ研磨

バフ番手と研磨圧で条件設定しており、規定したバフ軸駆動モーターの負荷電流値で管理する。

めっきブツまたは樹脂穴埋め後の突起を削るような工程では研磨量（研削量）が重要となる。不織布バフを使用した研磨では、研磨圧を上げ過ぎるとスルーホール部の穴ダレが起きやすいので注意すること。

②ベルト研磨

ベルト基材・番手と研磨圧で条件設定しており、規定した研磨ベルト軸駆動モーターの負荷電流値で管理する。研磨剤層が減るにしたがって研削力が低下するため、研磨したパネル枚数に応じて段階的に負荷電流値を上げるように設定することもある。

目安として、銅層を研磨する場合、レジンベルトの研磨量は1 μm、コルク

図 5.58　ジェットスクラブ研磨でのフットマーク

ベルトの研磨量は 0.1 μm である。

③ジェットスクラブ研磨

研磨量はスプレー圧力で管理している。

ノズルの詰まり・ノズル穴の広がり（摩耗）があっても、スプレー圧力の表示値に異常は見られないが、研磨ムラが発生してしまう。

複数のノズルで異常が発生することで圧力の変動が見られるが、**図 5.58** のようなフットマークテストにて、定期的にノズルの異常を確認することも重要である。

また、パネルの上面に付着している砥粒は次工程の第一水洗に持ち込まれるため、管理槽内の砥粒は減ってしまう。そのため、第一水洗のスプレー水はサイクロン方式を利用した機器にて、再利用可能な砥粒と径が小さくなり使用できない砥粒を含む水に分離している。管理槽の砥粒濃度は変動するため、日常的な濃度測定および砥粒の補充が重要となる。

(4) 異物付着

①バフ研磨

スプレー水が少ない場合または水がかかる位置が不適切な場合、バフカスがパネルに付着することがある。また、バックアップローラーおよびピンチローラーに付着したバフカス等の異物がパネルに付着しないように、ローラーはスプレー水にて清浄にしておくことが重要である。

②ジェットスクラブ研磨

第二水洗以降への砥粒の持ち込みが多い場合、第一水洗での水洗不足または液切りローラーの異常が考えられる。砥粒がパネル上に付着したまま後工程にいってしまうと、最終の乾燥機内の汚れや不良の原因となる。第二水洗以降は水洗または中圧水洗等でパネルを洗浄しているが、洗浄性に対しては定期的な確認も必要である。

5.3.3 メンテナンス

(1) バフ研磨機

①研磨機内の清掃

研磨機内にはバフカス、銅粉等の異物が付着、堆積する。そのままにしておくと打痕の原因となるため、定期的にホース等を使用した水洗浄が必要である。

②濾過機清掃

研磨時のスプレー水には絶えずバフカスや銅粉が混入するため、その水は常時濾過を行っている。濾過に使用する濾過機の濾布の清掃およびカートリッジ濾材の交換は定期的に実施すること。

③ドレッシング

図 5.59 にドレッシングが必要になるようなバフの状態を示す。バフの円周方向の偏摩耗や軸方向の偏摩耗が発生するとパネルの研磨が不均一になるためドレッシングが必要になる。また、バフ表面に目詰まりが発生した場合、ドレッシングにより新しい研磨層を形成する必要がある。

研磨ツールの偏摩耗が起きたとき、その偏摩耗を修正する方法として、回転しているバフにダイヤモンド砥石を当てながら往復することで研磨修正するドレッシング機構がある（**図 5.60**、**図 5.61**）。しかし、現在はドレッシングボードを使用した方法が主流になっている。

ドレッシングボードを使用したドレッシングの手順を**図 5.62** に示す。固定したドレッシングボードの上でバフロールを回転しながら加圧させる。ドレッシングボードにはダイヤモンド砥粒をコーティングしたボードが主とし

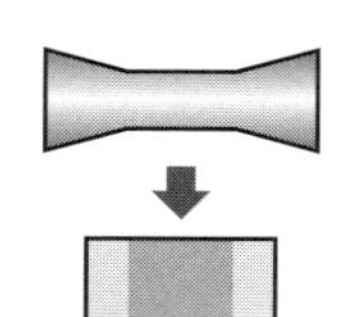

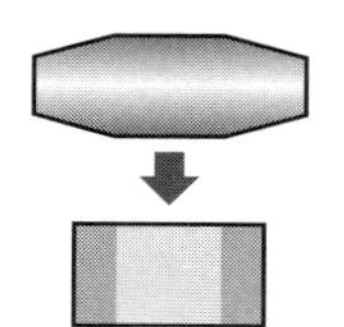

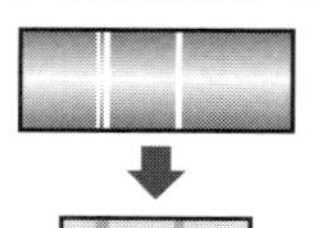

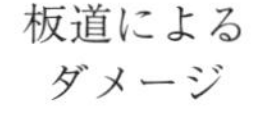

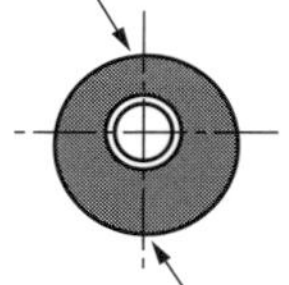

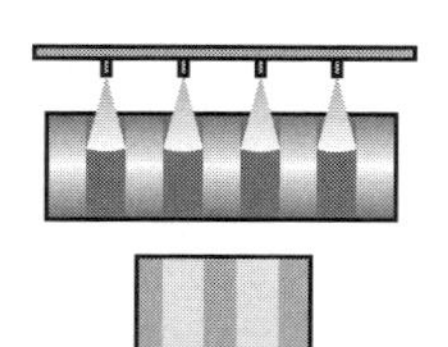

出典：3M™プリント配線板研磨用製品カタログ、スリーエム ジャパン株式会社

図 5.59　ドレッシングが必要となる場合

て用いられるが、アルミナ研削材を用いる場合もある。

ドレッシングボードを投入コンベアに置き、ドレッシングモードに設定することで、すべてのバフを順次自動的にドレッシングする機構もある。

ドレッシング作業の最後（図 5.62 のステップ 5）では、捨てパネル（ダミー板）を使って「捨て研磨」を行い、バフ研磨力を回復させる。

ドレッシングは研磨能力を回復させるために欠かせない重要作業であるが、その手順、周期は基板メーカーにより一様でない。工程品の仕様、研磨仕上

資料提供：フジ・エレック株式会社

図 5.60　ドレッシングユニット

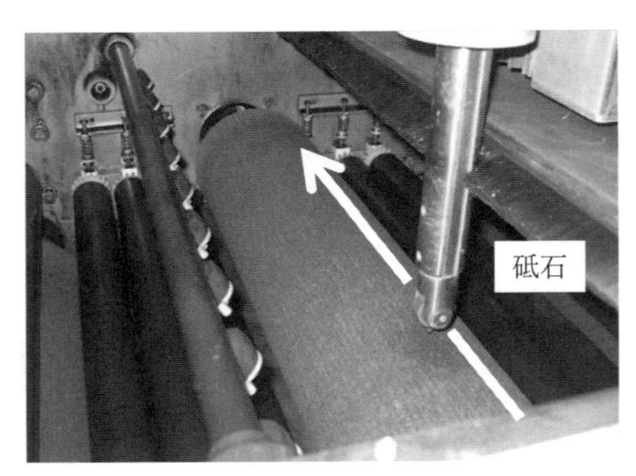

図 5.61　ドレッシング動作

がり要求などにより、毎日実施する基板メーカーもあれば週１回程度のところもある。ただし、ドレッシング間隔が短すぎるとバフロールのライフも短くなり、作業効率も低下することから、適正なドレッシング時期を見極めることが重要である。

また、ドレッシング作業の結果を確認するためにフットマークテストを行うが、フットマーク確認の工程も自動で行う機構もある。

1 バフの摩耗状態をチェック

①確認用基板をバフの真下で固定します。
②バフ軸を上げた状態で空転します。
③水スプレーをかけます。
④バフ軸をゆっくり下げます。
⑤軽く（1Amp程度）数秒間研磨します。
⑥バフ軸を上げ、基板を出します。

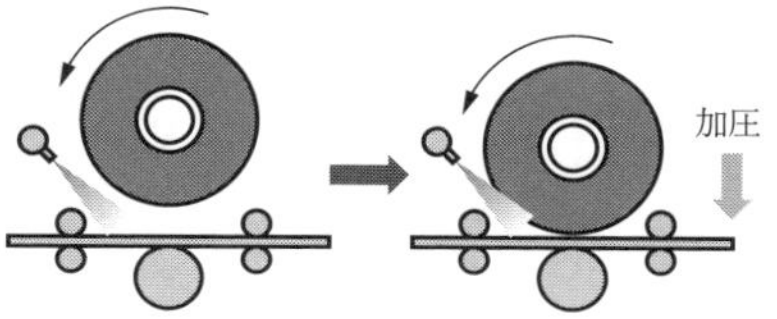

加圧

フットマークの形状例

左右で幅が異なる

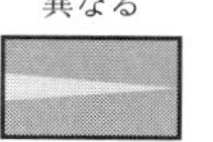

シャフトが傾いています。

中央部が狭い

バフ中央部の減りが早くなっています。

中央部が広い

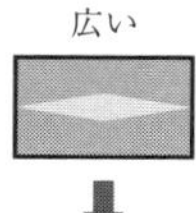

シャフトがたわんでいます。

2 ドレッシングボードをセット

①バフの真下にドレッシングボードを固定します。
②バフ軸を上げた状態で空転します。
（水スプレーあり）

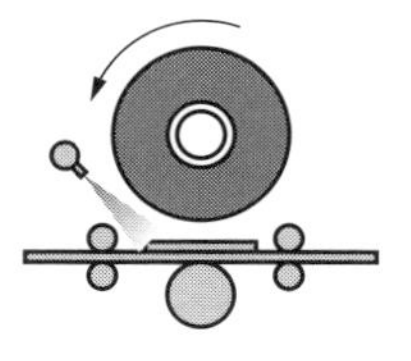

3 ドレッシングを開始

①バフ軸をゆっくり下げ、研磨負荷を約1～3Ampかけます。
②ボードを固定したまま、約3分間研磨します。

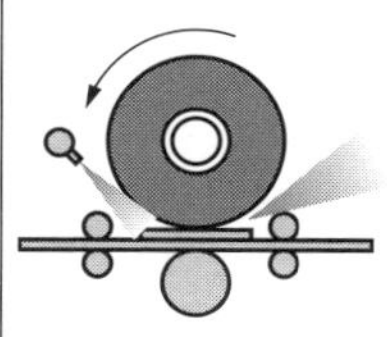

ポイント
・研磨負荷と研磨時間がドレッシング量に比例します。
・ドレッシング中は、負荷が一定になるようにバフ軸をゆっくり下げ続けます。

注意1：適正ドレッシング条件は、バフの種類によって異なります。
注意2：発熱防止のため、下軸の水洗には特にご注意ください。

4 ドレッシング状態を確認

①手順1のフットマークによる確認を行います。
②正常なフットマークが得られれば、ドレッシングは終了です。

正常なフットマーク：平行な帯状

まだ平行でなければ
ドレッシングを継続してください。

5 捨て研磨（バフ研磨力の回復）

①実際の研磨に入る前に、捨て研磨でバフの研磨力を回復させます。
（研磨機内部のクリンナップも行います）

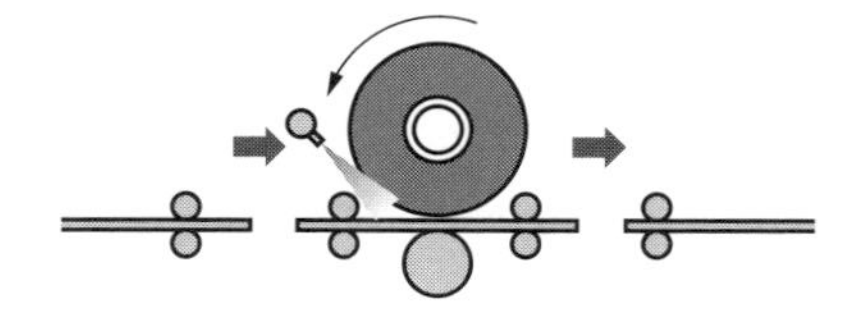

送り速度1m、研磨負荷1～3Amp程度で数分間、
じっくりと基板を研磨します

出典：3M™プリント配線板研磨用製品カタログ、スリーエム ジャパン株式会社

図 5.62　研磨バフのドレッシング手順

④バフ交換

バフ摩耗によりバフ厚（径）が管理している寸法よりも小さくなった場合、または番手切替えの場合はバフの交換が必要となる。

古くは、バフをバフ軸ごと横方向に抜き交換するような構造であり、1本の交換に1時間もの時間がかかった。

次いで、バフ交換を簡単にするために「半割バフ」が開発された（**図5.63**）。これは、バフ軸に固定しているボルトを緩めバフを外す方法であり、この構造は現在も使用されている。

現在は、**図5.64**に示す軸受け部分が簡単に外せるような構造になっている。軸受けを固定しているボルトを外し横方向にスライドして、バフがバフ軸に固定されているナットを緩め、バフのみを横方向に抜く方法である。この構造の場合、5～10分程度でバフ交換が可能となっている。

⑤Vベルト点検

バフ軸を回転するためのVベルトについては、亀裂等が発生していないか定期的に点検する必要がある（**図5.65**）。

(2) ジェットスクラブ研磨機

①搬送系

スプレーされた砥粒が搬送ギヤ部に飛散するのを遮蔽する構造になってい

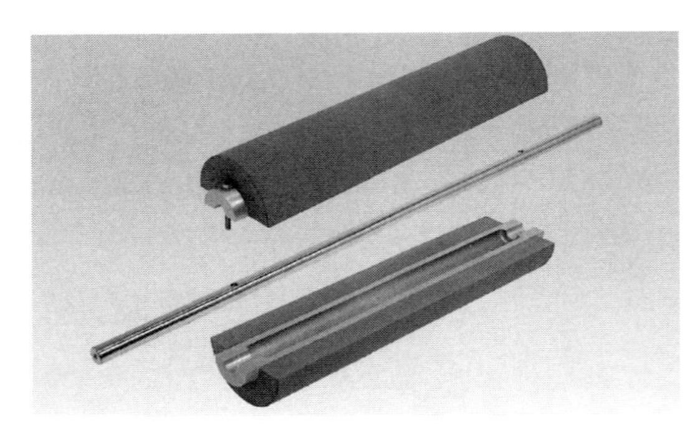

資料提供：株式会社角田ブラシ製作所

図5.63　半割バフ

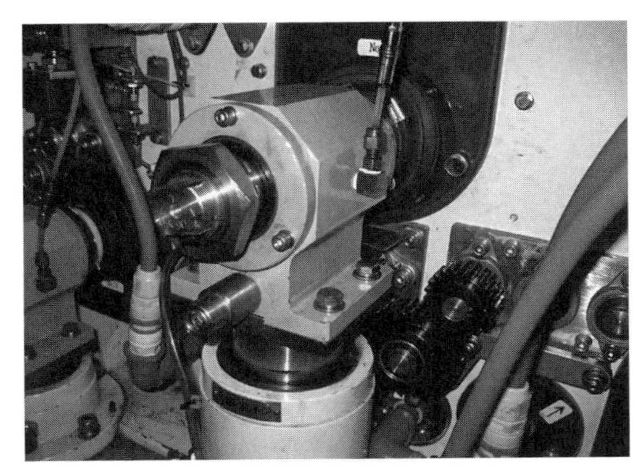

図 5.64　バフ軸軸受け

図 5.65　バフ軸駆動用の V ベルト

るが、完璧なシール構造でないので砥粒は堆積してくる（**図 5.66**）。砥粒によりギヤ・軸受け等は摩耗するため、堆積した砥粒の除去とギヤ等の定期的な点検および交換が必要である。

②スプレーノズル

研磨部のスプレーノズルは、ほぼ均等に摩耗してくる。研磨する目的でスラリーをスプレーするため、エッチング等で使用するスプレーノズルのように耐久性はない。摩耗しにくい UPE、PVDF 等の樹脂を使用しても穴が広が

図 5.66　搬送ギヤ部へ堆積した砥粒

ってしまい圧力が低下するため、交換が必要である。

③研磨材交換

砥粒は研磨の繰り返しにより小さくなるだけでなく、丸みを帯びてしまい研削力が低下する。砥粒の再利用効率が上がると新しい砥粒の補充が減り研削力のない研磨材となってしまうため、定期的に研磨材を交換する必要がある。

一度に全量を交換すると、交換前後の研磨状態に大きな差が出てしまうため、半量交換する方法も取られている。

(3) ベルト研磨機

①研磨機内の清掃

銅粉等の異物が堆積する。そのままにしておくと、打痕の原因となるため、定期的にホース等を使用した水洗浄が必要である。

②濾過機清掃

研磨時のスプレー水には絶えず銅粉が混入するため、その水は常時濾過を行っている。濾過に使用する濾過機の濾布の清掃およびカートリッジ濾材の交換は定期的に実施すること。

③研磨ベルト交換

研磨ベルトの摩耗または番手切替えの場合は研磨ベルトを交換することに

なる。

研磨ベルトにかかっているテンションを解除し研磨ベルトを横方向に引き抜いて交換する。

④ V ベルト点検

研磨ベルト回転用のドラムを駆動するVベルトについては、亀裂等が発生していないか定期的に点検する必要がある。

(4) 平面バフ研磨機

①研磨機内の清掃

銅粉等の異物が蓄積する。そのままにしておくと、打痕の原因となるため、定期的にホース等を使用した水洗浄が必要である。

②濾過機清掃

研磨時のスプレー水には絶えず銅粉やバフカスが混入するため、その水は常時濾過を行っている。濾過に使用する濾過機の濾布の清掃およびカートリッジ濾材の交換は定期的に実施すること。

③ドレッシング

バフの偏摩耗による問題の発生を未然に防ぎ、安定した研磨を行うために、日常的にまたは定期的にドレッシングを行うことが重要である。バフ研磨機同様、ドレッシングボードを使用してバフをドレッシングする。

④バフ交換

バフ摩耗による寿命または番手切替えの場合はバフを交換することになる。

図5.67のように、研磨部台座を横方向に引き抜くことで、バフの交換を行うことができる構造になっている。

(5) ブラシ研磨機

ここでは、大きな研磨力が必要ないブラシ研磨工程で使用する研磨機に絞って説明する。

研磨ツールはナイロン等の繊維に研磨材を付けた研削力は比較的小さなブラシである。

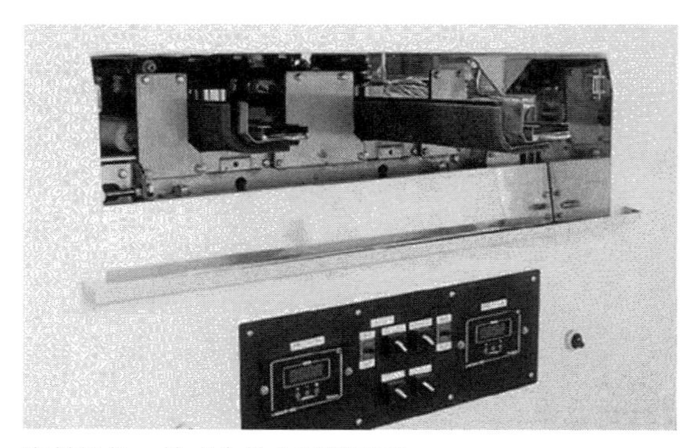

資料提供：株式会社丸源鐵工所

図 5.67　平面バフ交換時の台座引抜き

①研磨機内の清掃

異物の発生は少ないが、堆積すると打痕の原因となるため、定期的にホース等を使用した水洗浄が必要である。

②濾過機清掃

バフ研磨のような銅粉・バフカスは発生しないが、スプレー水はカートリッジフィルター等で常時濾過を行っている。濾過に使用するカートリッジ濾材は定期的に交換すること。

③ブラシ交換

ブラシ摩耗による寿命または番手切替えの場合はブラシを交換することになる。半割タイプを使用することが多く、ブラシ軸に固定しているボルトを緩めブラシを外して交換する。

④Ｖベルト点検

ブラシ軸を回転するためのＶベルトについては、亀裂等が発生していないか定期的に点検する必要がある。

【第５章　参考文献】

1．岳村伸敏，プリント配線板における最近のめっき装置，表面技術，Vol. 44，No. 7，pp. 609–613，1993

２．Happy T. Holden, Printed Circuit Handbook, Seventh Edition, Chapter 25, 25.6.3, McGraw Hill Education, 2016
３．マコー株式会社のウェブページ，http://www.macoho.co.jp/application/［2018年2月に閲覧］

第6章

化学研磨

6.1　化学研磨薬品

第2章で、プリント配線板においては「化学研磨」とは「マイクロエッチングによる銅の表面洗浄・表面粗化」であることを説明した。銅を化学的に溶解する薬品にはいろいろあるが、ここで主に用いられているマイクロエッチング液は、

- 過硫酸塩系
- 硫酸・過酸化水素系
- 有機酸系

である。

6.1.1　マイクロエッチング液

過硫酸塩系マイクロエッチング液は、

- 過硫酸アンモニウム（ペルオキソ二硫酸アンモニウム）$(NH_4)_2S_2O_8$
- 過硫酸ナトリウム（ペルオキソ二硫酸ナトリウム）$Na_2S_2O_8$

などの過硫酸塩（ペルオキソ二硫酸塩）*1 を酸化剤としたエッチング液である。

銅の溶解反応は、

$$Cu + (NH_4)_2S_2O_8 \rightarrow CuSO_4 + (NH_4)_2SO_4$$

＊1　過硫酸はペルオキソ硫酸の慣用名であり、理論的にはペルオキソ一硫酸 H_2SO_5 とペルオキソ二硫酸 $H_2S_2O_8$ の双方をさす。ただし、実際にはペルオキソ二硫酸を指す場合が多く、特に過硫酸塩の場合その傾向が顕著である。ペルオキソ一硫酸は別の慣用名である「カロ酸」（最初の報告者ハインリッヒ・カロにちなむ）を使う場合が多い。どちらにせよ、混同に注意すること。

$$Cu + Na_2S_2O_8 \rightarrow CuSO_4 + Na_2SO_4$$

である。溶解した銅が水酸化銅として沈殿すること（特に処理後の水洗工程で希釈された時）を防止するため、小量の硫酸を加えた組成が良く用いられる。

硫酸・過酸化水素系マイクロエッチング液は、強酸性のもと過酸化水素の以下の反応により金属を溶解する[文献1]。

$$H_2O_2 \rightarrow H_2O + (O)$$

$$Cu + (O) \rightarrow CuO$$

$$CuO + H_2SO_4 \rightarrow CuSO_4 + H_2O$$

この主反応とは別に、過酸化水素には自己分解反応、

$$H_2O_2 \rightarrow H_2O + \frac{1}{2}O_2$$

がある。密閉容器の中で自己分解反応が起こると、発生した O_2 ガスにより内圧が上がり、容器破損（破裂）に繋がる危険性がある。この自己分解反応は、鉄、銅などの金属イオンが触媒になり急激に進行する。これを防ぐため分解防止剤（安定剤）が添加されている。

有機酸系マイクロエッチング液は主に有機酸とキレート剤（錯化剤）からなる。有機酸による酸化銅の溶解反応と、二価銅錯体が金属銅を溶かして一価銅錯体になる銅溶解反応からなるとされている[文献2]。

スプレー処理により、空気中の酸素に接触して、一価銅錯体は二価銅錯体に再生されるため、特別な再生処理は不要である（曝気（エアレーション）によるエッチング液再生）。これは回路形成で用いられるアルカリエッチング液の再生と同じ原理である*2。

反応は次のようになる[文献2]。

＊2　アルカリエッチング液に関しては、本書と同一シリーズの「本当に実務に役立つプリント配線板のエッチング技術」[文献3] の第５章を参照のこと。

$$CuO + 2RCOOH \rightarrow (RCOOH)2Cu + H2O$$

↓

$$Cu + Cu(II)X_2 \rightarrow 2Cu(I)X$$

↓エアレーション

$$2Cu(I)X + \tfrac{1}{2}O_2 + 2X \rightarrow 2Cu(II)X_2 + H_2O$$

（ここでXはキレート剤、RCOOHは有機酸を示す）

化学研磨液の組成には、上に述べた主成分以外に、安定剤、防錆剤、界面活性剤、消泡剤などが含まれる。ここで防錆剤と呼ばれているものは、エッチング後の銅表面に有機物の皮膜を生成し、酸化を防止するものである。この有機皮膜が、単なる防錆効果だけではなく、次の工程（積層工程、フォトレジスト形成工程など）での密着性を向上させる効果（プライマー効果）を目的として用いられている場合もある。

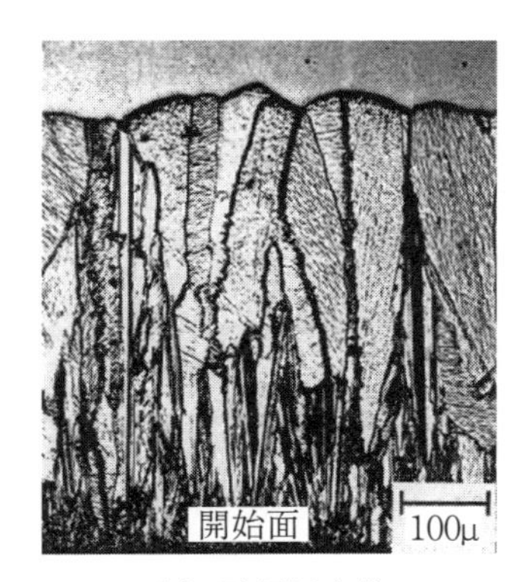

(a) 電解析出後

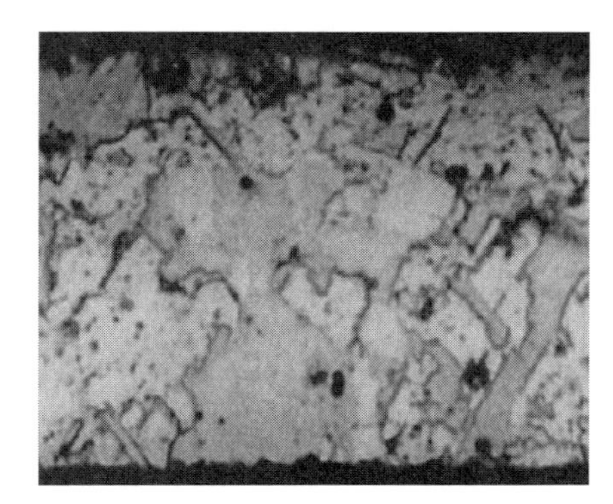

(b) アニール後（HTE箔）

出典：本当に実務に役立つプリント配線板のエッチング技術[文献3]

図 6.1　銅の結晶粒界（電解銅箔の場合）

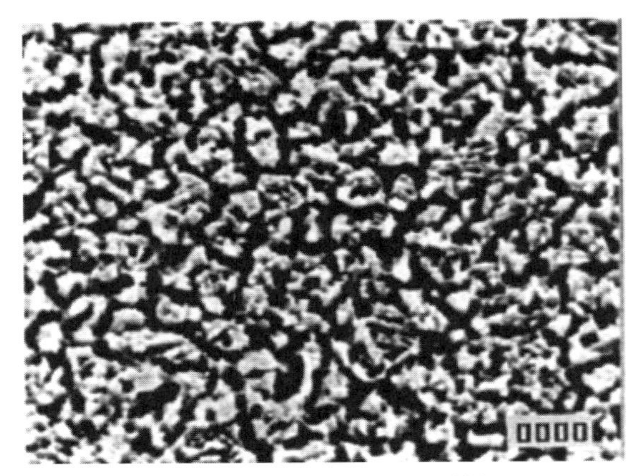

出典：本当に実務に役立つプリント配線板のエッチング技術[文献3]

図 6.2　硫酸・過酸化水素系エッチング液で粗化後の表面

6.1.2　マイクロエッチング液による粗面化

使用する薬液によっても異なるが、マイクロエッチング液による銅の粗面化は、「銅の結晶粒界を選択的に深くエッチングすることにより粗面化をはかる」という結晶粒界攻撃型メカニズムによる場合が多い。

結晶粒界とは結晶の不連続部分である。**図 6.1** でわかるように電解銅箔の製造時には柱状の結晶が生じ、熱と時間によって成長する。この粒界部分が選択的にエッチングされるような処理液を使うと**図 6.2** のように表面が粗化されることになる。

一般的に、銅の溶解を行うエッチング液は、銅とエッチング液との界面（固液界面）で、

1）酸化剤により銅を溶解し、金属銅を銅イオンとして液に放出する

2）銅イオンが液中に拡散する

の２段階の反応をしていることになる。

回路形成に用いる塩化銅、塩化鉄などのエッチング液は、溶解速度が速く、2)の拡散速度が律速であり、逆にマイクロエッチング液は溶解速度が遅く、1)の溶解反応が律速となる。したがって、マイクロエッチング液は、銅表面の状

態に敏感なエッチングが可能で、結晶粒界を優先的にエッチングして粗面化が可能である[文献4]。

ただし、結晶粒界を選択的に深くエッチングすることによる粗面化には限界がある。電解銅箔、あるいは電気銅めっき層に対しては効果的に粗面化できる

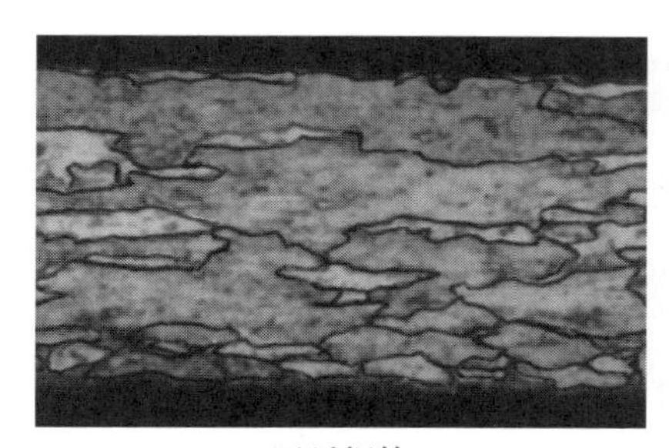

圧延銅箔
（粒界が横方向）

電解銅箔
（粒界が縦方向）

出典：本当に実務に役立つプリント配線板のエッチング技術[文献3]

図 6.3　圧延銅箔と電解銅箔の結晶の向き

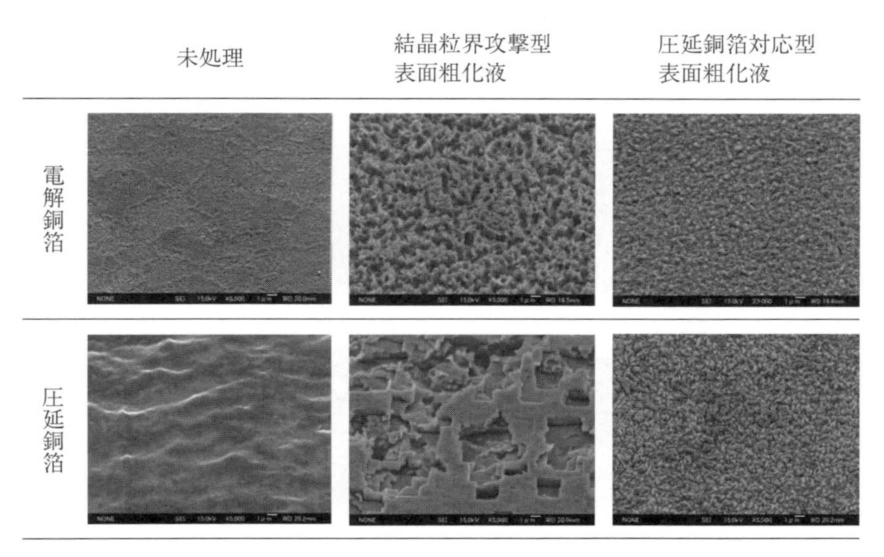

資料提供：メック株式会社

図 6.4　圧延銅箔対応型表面粗化液の効果

が、圧延銅箔に関しては均一な粗面化ができないのである。これは結晶粒界の並びの違いが原因である。**図 6.3** のように、電解銅箔は結晶粒界が縦に並んでいるが、圧延銅箔は横に（すなわち表面に平行に）並んでいる。そのため、結晶粒界攻撃型の粗面化が困難になる。圧延銅箔を多く用いるフレキシブルプリント配線板の場合には注意が必要である。

この現象は圧延銅箔だけではなく、研磨量の大きい機械研磨を行った銅表面にも発生する。研磨の応力によって、銅表面に歪み（塑性変形）が生じ、粒界が変形を受けるためである。

圧延銅箔用として、粒界に頼らない粗面化処理ができるマイクロエッチング液が開発されている（**図 6.4**）。

6.2 化学研磨装置

6.2.1 化学研磨装置

化学研磨装置はパネルを搬送ローラーに載せ、その表面に化学研磨液（以下、エッチング液）を噴射または浸漬させて、銅表面を研磨する装置である。装置には作業者の安全と生産性、そして使いやすさへの配慮も併せて求められる。

また腐食性の高い液を用いるため、装置に使用される材料は耐薬品性に優れ

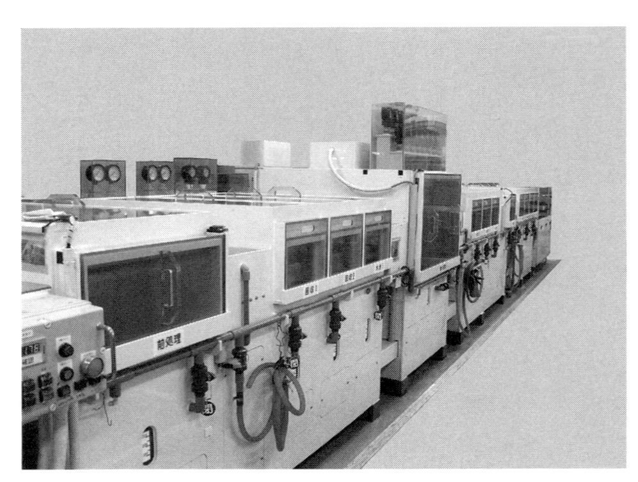

図 6.5　粗化処理ライン

ていなければならず、耐食構造であることが求められる。そのため槽本体の材料としては塩化ビニル樹脂（ポリ塩化ビニル＝PVC）が用いられることが多い。またシャフト、ボルト、冷却管に用いられる金属材料はエッチング液により異なる。硫酸・過酸化水素系の場合はステンレス鋼（SUS304、SUS316）、有機酸系の場合は組成によるが、チタンが用いられることが多い。

図6.5 に積層前処理工程の硫酸・過酸化水素系エッチング液を使用した粗化処理ラインの実例を示す。

エッチング方式は、1）スプレー方式、2）ディップ方式、3）ディップ＋スプレー併用方式がある。

スプレー方式は、エッチング液をフラットノズルまたはフルコーンノズルでパネル表面に噴射し、粗化する方式である。その粗化処理ラインを**図6.6** に示

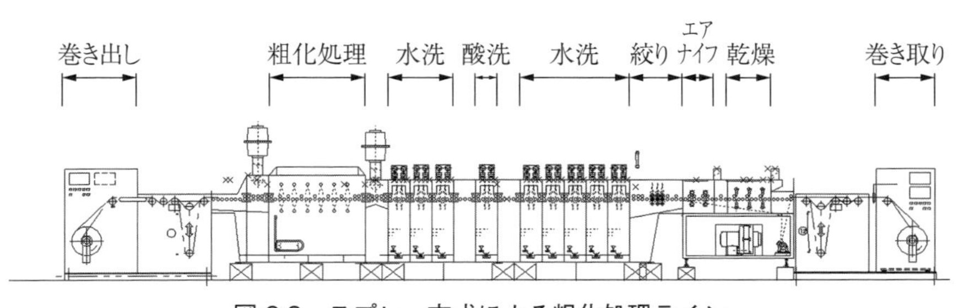

図6.6　スプレー方式による粗化処理ライン

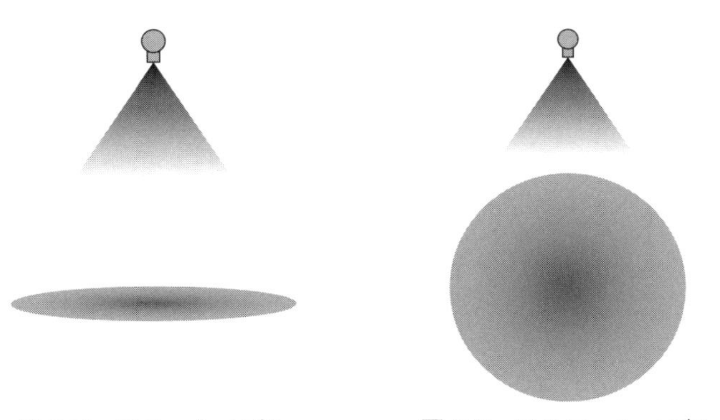

図6.7　フラットノズル　　図6.8　フルコーンノズル

す。フラットノズルで噴射されたスプレーパターンを**図 6.7** に、フルコーンノズルでのスプレーパターンを**図 6.8** に示す。パネル上面にはスプレーされた液が溜まり、当該部では研磨量が小さくなるため、均一性を高める目的で、上下スプレー管の首振り、またはスプレー管を水平揺動させる機構もある。

ディップ方式はパネルを液中に浸漬して処理を行う。ディップ・スプレー切り替え方式による粗化処理ラインを**図 6.9** に示す。ディップ処理槽へのパネル入口および出口には、液を溜めるためストレートローラーを設置する（**図6.10**）。処理速度はスプレー方式に劣るものの、エッチング液がパネル表面に満遍なく作用するため、均一性に優れるとされている。

ディップ＋スプレー併用方式はパネルを液中に浸漬し、さらに液中に設けた

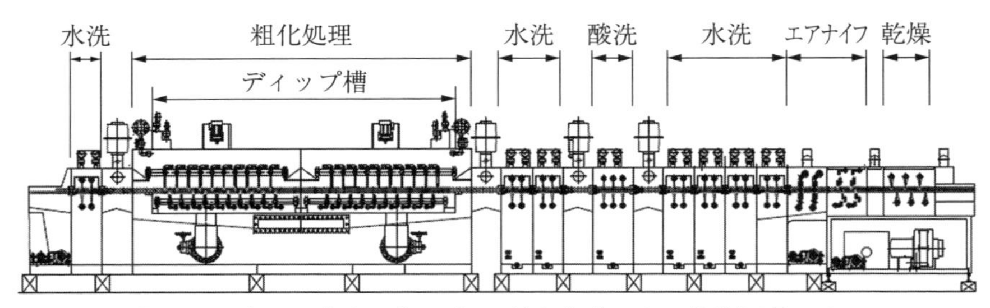

図 6.9　ディップ／スプレー切り替え方式による粗化処理ライン

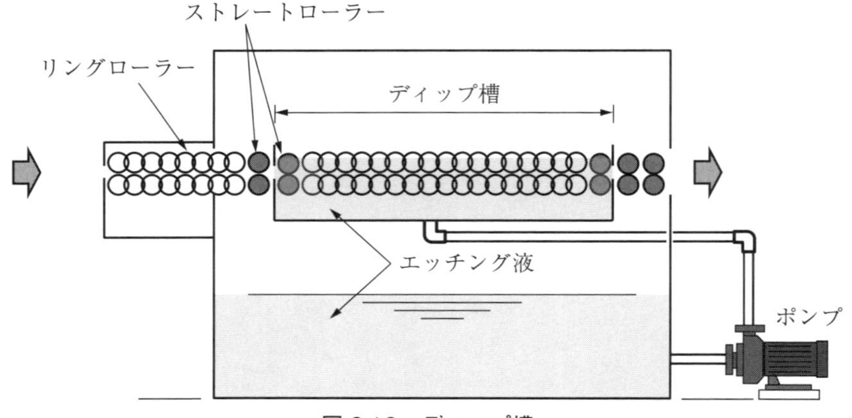

図 6.10　ディップ槽

ノズルから、パネル表面に液を噴き付ける方法である。スプレー方式とディップ方式の中間を狙った方式である。

6.2.2　装置の構造

(1)　ポンプ

スプレー方式の場合、管理槽内の液をスプレーノズルへ送るために、主に遠心ポンプが使われる。遠心ポンプの原理は、インペラをケーシング内で高速回転し、遠心力によって液に圧力と速度の両エネルギーを与えて、連続して揚水することである。(**図 6.11**)

遠心ポンプにはその駆動方式の違いによる軸シールポンプ（**図 6.12**）や、マ

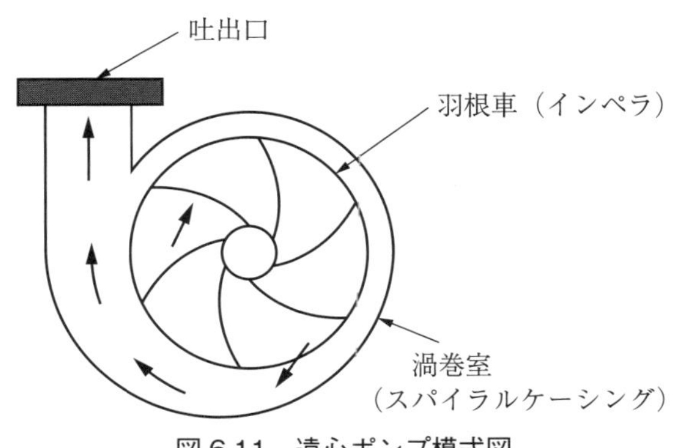

図 6.11　遠心ポンプ模式図

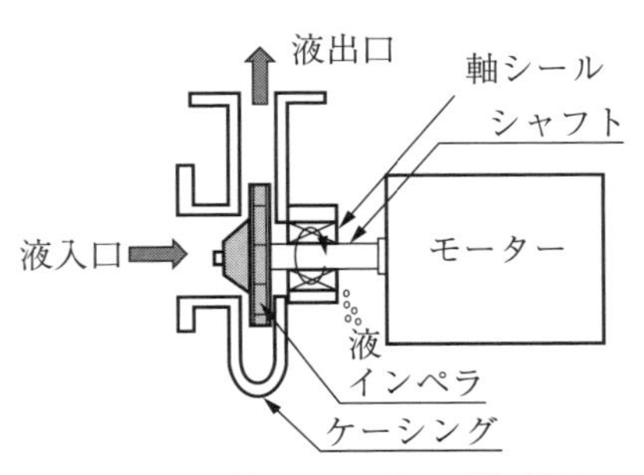

図 6.12　軸シールポンプ模式図

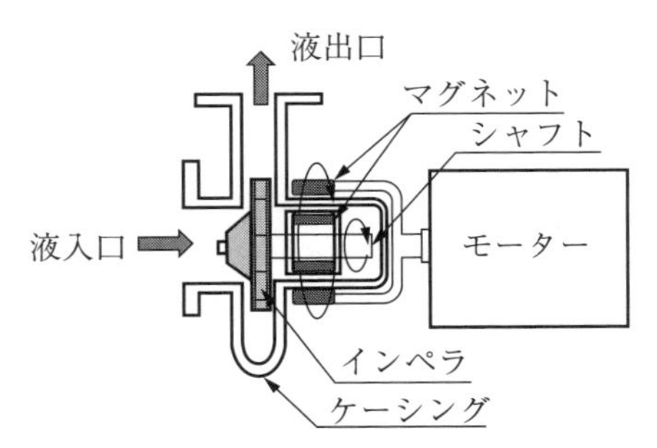

図 6.13　マグネットポンプ模式図

図 6.14　竪型ポンプ

図 6.15　横型ポンプ

グネットポンプ（**図 6.13**）などがある。またポンプの置き方の違いによる竪型（**図 6.14**）、横型（**図 6.15**）に分けられる。

この時、横型の軸シールポンプは適用できない。化学研磨装置では腐食性の高い薬品を使用するため、横型軸シールポンプを使用すると、軸の腐食や液漏れが発生し、ポンプを損傷してしまう。そのため横型ポンプを使う場合は、マグネットポンプを使用する。マグネットポンプの特徴はモータシャフトとポンプ室内が完全に分離され、外側のマグネットと内側のマグネットが同期回転することである。そのため、ポンプ室内から外部に液体が洩れ出ることがなく、軸シールとして使用するメカニカルシールやグランドパッキンなどの消耗品もない。しかしながら空転を行うと、ケーシング内部が高温になり、軸受け部分が溶出するか、熱変形して回転精度が保てなくなりポンプは破損してしまうため注意が必要である。

(2) 搬送機構

1) ローラー

搬送用で使われるローラーはリングローラー（**図 6.16**）、ストレートローラ

図 6.16　リングローラー

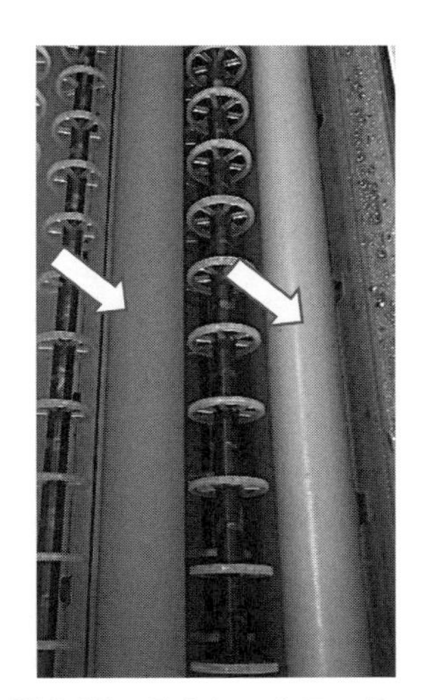

図 6.17　ストレートローラー

ー（**図 6.17**）があり、用途、目的により使い分ける必要がある。

薄いパネルを搬送するためには、リングローラーが多く使われ、かつ、そのリングローラー径は小さく、軸ピッチは狭くなってきている。またパネル落下を防ぐため、ローラー同士がオーバーラップするようになっている。

2）ギヤ

駆動の伝達はギヤで行う。メインシャフトの駆動をローラーに伝達するため

図 6.18　スパイラルギヤ

図 6.19　マイタギヤ（ベベルギヤ）

に使われるギヤは、スパイラルギヤ（**図 6.18**）、マイタギヤ（ベベルギヤ）（**図 6.19**）がある。スパイラルギヤは静音性に優れ、ギヤの取り外しも簡単であるためメンテナンス性に優れているが、比較的負荷に弱く、高負荷がかかるとローラーが跳ねてしまうことがある。一方マイタギヤは直交軸の回転であり、スパイラルギヤとくらべると負荷には強いが、ギヤに異物を挟んだ場合、ギヤ同士が逃げないため破損する可能性がある。現在はスパイラルギヤが多く採用されている傾向にある。

(3) 液温度調節機構

化学研磨はエッチング液の温度変動により粗化量が変動するため、液温は十分に管理する必要がある。液温は測温抵抗体などの温度センサーを温度調節器に接続することで計測し、温度調節器からの出力によって加熱用機器、冷却用機器の運転制御を行っている。加熱には電気ヒーター（**図 6.20**）が使用され、冷却は冷却コイル（**図 6.21**）に冷水を流す方法が多い。

(4) 排気処理設備

特にスプレー方式の場合、有害なミストが発生する。発生したミストはそのまま放出することができない。そのため、発生したミストはまず、排気ダクト

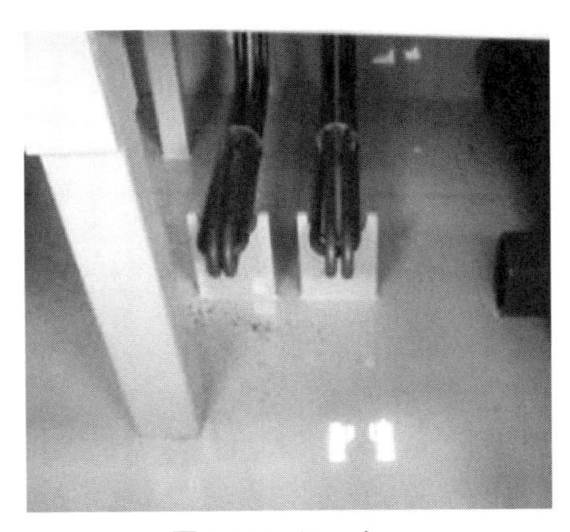

図 6.20　ヒーター

図 6.21　冷却コイル

の途中に設置したミストキャッチャーで液体化する。ミストキャッチャーで液体化できなかったミストは排ガス洗浄装置（湿式スクラバー）で除去した後、無害化して大気に放出しなくてはならない。

提供：日本アクア株式会社

図 6.22　アクアキューブ硫酸過水コントローラー

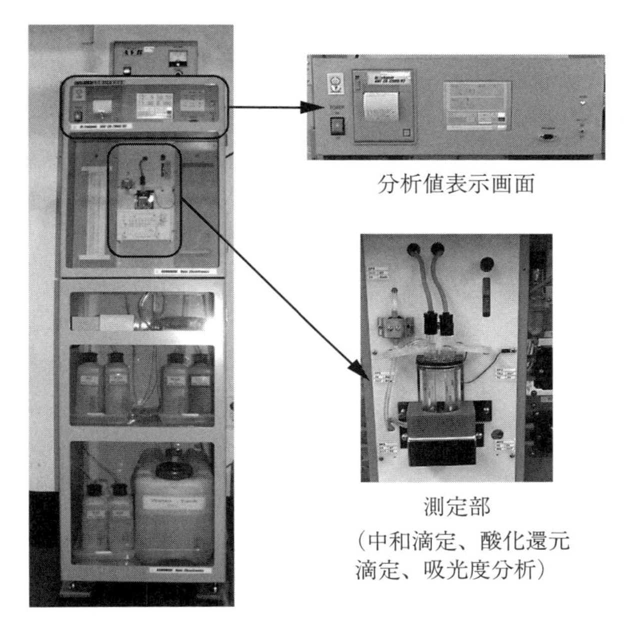

提供：川原ナノケミトロニクス

図 6.23　自動分析管理装置

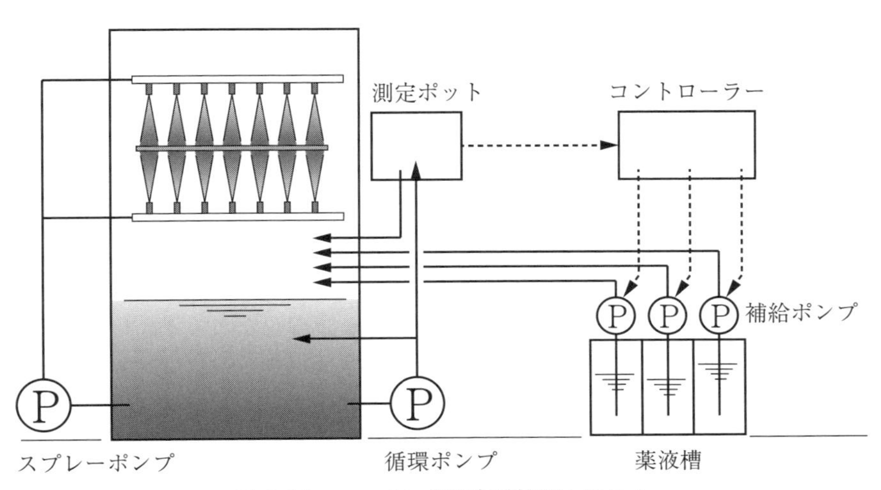

図 6.24　エッチング液自動管理システム

(5) 液分析コントローラー

液濃度が変動すると、品質が不安定となる。その液分析を行うツールとして、液分析コントローラーが使われることがある（**図 6.22、図 6.23**）。例えば硫酸・過酸化水素系エッチング液の液分析コントローラーでは、硫酸濃度、過酸化水素濃度、銅濃度を分析し、薬液を補給することで、液濃度を一定に保つことを可能としている。硫酸濃度および過酸化水素濃度は滴定分析、銅濃度は滴定分析または吸光度測定により計量する。

硫酸・過酸化水素系エッチング液以外でも、有機酸系マイクロエッチング液や黒化処理液に対応する液分析コントローラーもある。

液分析コントローラーからの信号により薬液を補給することで、液濃度を安定化する自動管理システムの例を**図 6.24** に示す。

6.3 化学研磨の条件管理

プリント配線板製造の各工程で要求されている粗化形状は異なり、工程ごとに、その粗化形状および凸凹の深さを得るための管理項目および条件を定めている。

その作業条件を遵守することで一定の安定した粗化形状を得ることが重要である。

以下に管理すべき内容についてまとめる。

6.3.1 製品品質管理項目

(1) エッチング量（エッチング深さ）

回路形成の前処理としてドライフィルムフォトレジスト（以下、DF）ラミネート前に行う硫酸−過酸化水素系のエッチング液を使用した化学研磨の場合、使用する薬品および使用する DF によりエッチング量を決めて作業を行っている。エッチング量が不足すると DF の密着が悪くなり、エッチング量が多すぎると DF が剥離しにくくなる。

ある硫酸−過酸化水素系エッチング液で電解銅箔を処理したときのエッチング量の違いによる粗化形状の違いを**図 6.25、図 6.26** に示す。

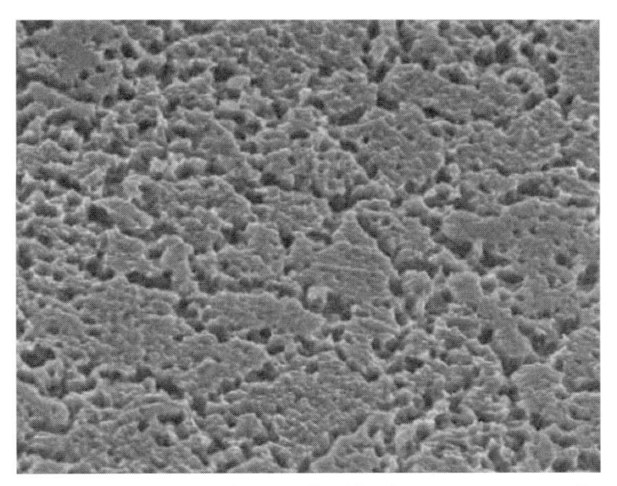

図 6.25　エッチング後の粗化形状（0.5 μm エッチング）

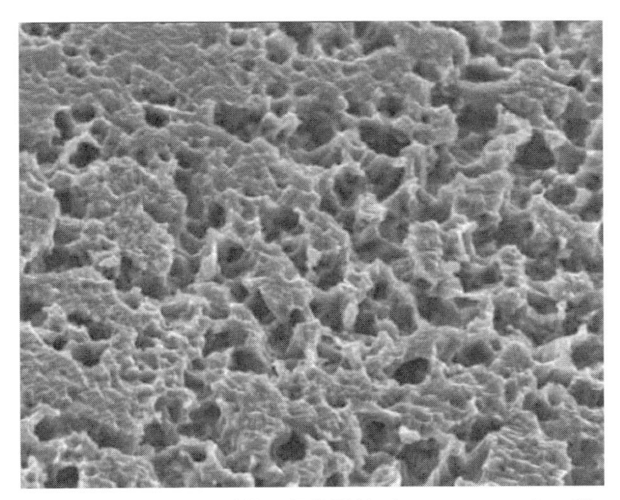

図 6.26　エッチング後の粗化形状（1.5 μm エッチング）

簡易的なエッチング量の確認方法として、CCL（銅張積層板）小片のエッチング前後の重量差を計算し、エッチング深さに換算することが多い（詳細は、4.4.1 項を参照）。

(2) 処理ムラ

パネルに油脂分が付いている場合は、処理ムラが起き品質面で問題になる。

積層工程での樹脂との密着性、回路形成工程での DF との密着性等、品質問題が発生することがあるため注意が必要である。

リングローラーの跡、取り扱い不良による傷・打痕に対しても注意すること。

6.3.2 装置管理項目

(1) 搬送速度（エッチング時間）

規定した搬送速度で作業すること。エッチング量に大きく影響する因子である。

(2) スプレー圧

エッチング量に大きな影響を与えることはないが、規定したスプレー圧の範囲内で作業すること。

(3) エッチング液条件

規定した液組成、液温度で作業すること。液の条件はエッチング量に大きく影響する重要な因子である。

エッチング速度は一般的に、硫酸濃度および銅濃度よりも過酸化水素濃度および液温度の変動により大きく変化する。特に、液温においては通常30℃前後で使用されるが、5℃の変動でエッチング速度は15％ほど変化する液もある。

銅ダイレクトレーザー加工の前処理として使用するエッチング液の場合、溶解する銅濃度が高くなると粗化形状が変わってしまい、穴が形成できなくなることがある（**図 6.27**）。

また、エッチング量を一定に管理するために、エッチング液の組成を管理している。そのためには薬液の自動供給機能が必要であり、次のようなシステムが用いられる。

①処理しているパネルの面積または枚数に応じて薬液を自動供給する。

②自動滴定、光学測定による濃度分析の結果により薬液を自動供給する。

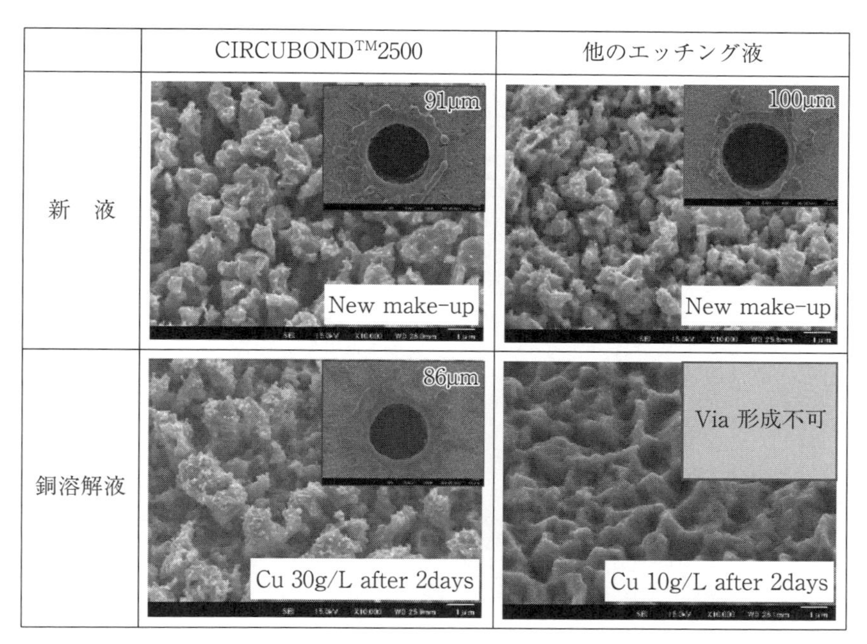

資料提供：ローム・アンド・ハース電子材料株式会社

図 6.27　エッチング液中の銅濃度と銅ダイレクトレーザーによる加工穴形成の関係

(4) 水洗条件

①水洗不十分の場合、薬液残渣は腐食の原因となる。ノズル詰まり、フィルター詰まりによる水洗不足が起きないように管理する必要がある。

②水洗水汚れはパネル表面の汚れ・シミの原因となり、回路形成工程ではドライフィルム等の密着不良となる。新水供給量の管理および定期的な水洗槽の清掃が重要となる。

(5) 乾燥条件

水洗後の「絞り」、「エアナイフ」、「乾燥」と呼ばれる工程では、次のようにパネル表面の水分を完全に除去する必要がある。

①絞り工程では吸水ローラー（ポリウレタン、ポリビニルアルコール、ポリ塩化ビニル等を原料とした多孔質ローラー）が使用される。吸水ローラー

コラム

銅ダイレクトレーザー加工

ビルドアップ工法のプリント配線板において、コスト低減を目的として、銅箔の上から直接、レーザーを照射して有底ビアを形成する方法である。

プリント配線板の高密度化に伴い有底ビアの加工方法にも変化があり、**図 6.28** に示すように、その加工方法は次の 3 種類に大別できる。

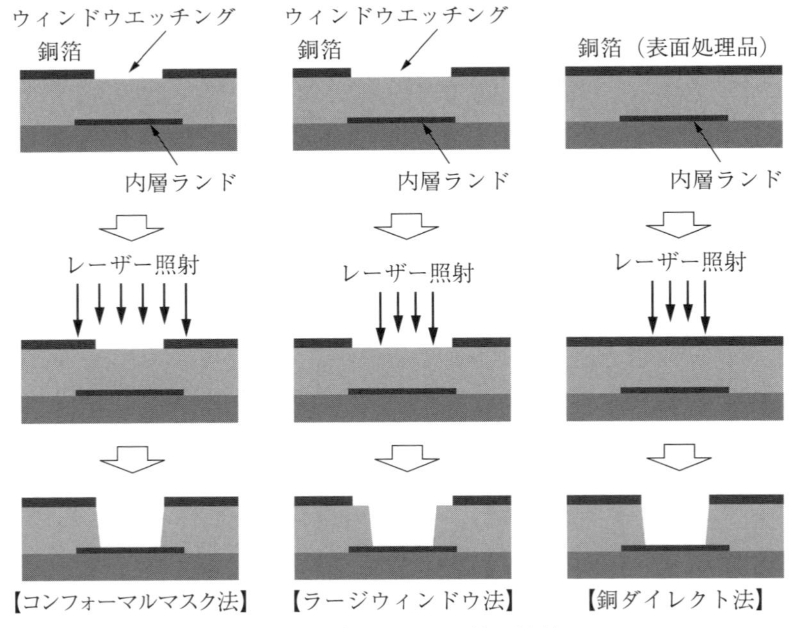

図 6.28　有底ビア加工法の比較

(1) コンフォーマルマスク法

パネル表面のレーザー穴あけする部分に、その穴径で銅箔をエッチングし（ウィンドウエッチング）、その径よりも大きな径のレーザービームを照射することで樹脂に穴をあける*3。

(2) ラージウィンドウ法

レーザー穴あけする部分に、その穴径よりも大きな円形で銅箔をエッチングし、その径よりも小さな径のレーザービームを照射することで樹脂に穴をあける。

(3) 銅ダイレクト法

パネル表面の銅箔にレーザービームを照射することで、銅箔と樹脂を同時に穴あけする。

銅ダイレクト法はウィンドウエッチングが不要なため、コスト低減、ランドの小径化が可能になる。

しかし、単にレーザー光を照射しても、一般的なCO_2レーザー光の波長（10 µm 前後）では銅表面で反射してしまい、エネルギーは吸収されず、穴はあかない。そこで、銅箔を表面処理し、レーザー光の吸収率を向上させている。その表面処理には黒化処理液や硫酸‒過酸化水素系のエッチング剤が使用されており、今後は、この工法が増えてくると思われる。

の汚れおよびローラーが乾燥してしまった場合はパネル表面のシミの原因となる。吸水ローラーはパネル表面の水分を十分に吸収するように維持管理する必要がある。

②吸水ローラーで水分を吸収した後に残った水膜も素早く除去することが必要である。エアナイフ工程にてブロワーを使用して水膜を除去する。

③最終段では高温の熱風にてパネル表面を乾燥させる。乾燥温度の管理が必要であり、工程によっては、機内空気を循環させながらHEPAフィルター等にて濾過することで、パネル表面に塵埃のない状態で次工程に送る必要

＊3　コンフォーマルマスク法は日立製作所が特許を有する技術であった[文献5]。この特許は、ビルドアップ多層プリント配線板が普及するよりはるか前の1981年に出願された、先駆的な特許である。あまりに先駆的であったため、ビルドアップ工法が普及し始めて数年後には特許の存続期間（出願後20年）が終了してしまった。

がある。

【第6章　参考文献】

1．川村利光：過酸化水素系の化学研磨の原理と応用，表面技術，57巻，11号，pp. 768-768（2006）
2．秋山大作，牧　善朗：有機酸系マイクロエッチング剤によるバイアホール断線の防止，回路実装学会誌，10巻，7号，pp. 467-470（1995）
3．雀部俊樹，石井正人，秋山政憲，加糖凡典：本当に実務に役立つプリント配線板のエッチング技術，日刊工業新聞社，2009
4．高井健次，田村匡史，鈴木邦司：ウェットエッチングによるマイクロファブリケーションとFAMによる高密度プリント配線板，日立化成テクニカルレポート，52号，pp. 17-22（2009年01月）
5．大幸洋一，日立製作所，多層印刷回路の製造方法，日本特許1720510号，特公平04-003676，1981年10月14日出願，1992年1月23日公告

第3部

各　論

第7章 プリント配線板製造における研磨工程

有機樹脂を絶縁板としたプリント配線板として、半導体パッケージ基板（サブストレートとも呼ばれる。以下、PKG 基板）と PKG 基板を実装するプリント配線板（一般的にマザーボードと呼ばれる）に分けられる。また、可撓性のあるフレキシブルプリント配線板（以下、FPC 基板）と柔軟性のないリジッド基板[*1]に分けられる。

本書では、マザーボードと呼ばれるリジッド基板を中心に構成しているが、PKG 基板および FPC 基板についても簡単に紹介する。

PKG 基板、FPC 基板はともに基板自体が薄いため、物理的なストレスによる材料の伸びが問題となる。そのため、物理的な研磨よりも化学的な研磨の採用比率が大きい。

7.1 PKG 基板

リジッド基板と比較し、PKG 基板の板厚は 0.4 mm 以下になるものが多く、その製造に用いる内層コア材は 0.1 mm 以下であるため、研磨工程では化学研磨が多く用いられる。

一部、樹脂埋め工程がある基板もあり、そこではセラミックバフによる研磨や平面バフ研磨が行われる。注意点は、基板にストレスを与えず、反りを発生させないことである。

化学研磨液は、硫酸–過酸化水素系および有機酸系が使用されている。

＊1　リジッド基板はリジッドプリント配線板の意味。以下では「基板」をプリント配線板の意味で用いる。

7.2　FPC 基板

回路形成前処理、カバーレイ前処理、金めっき前処理では、不織布バフ研磨、ジェットスクラブ研磨等の機械研磨が用いられることがあるが、硫酸–過酸化水素系のエッチング液を用いた化学研磨の比率が大きい。

種々研磨方法による材料の伸びは、バフ研磨＞ジェットスクラブ研磨＞化学研磨の順で大きい。

回路形成前処理の化学研磨は凹凸の小さな粗化形状を形成するが、カバーレイ前処理の場合は密着性を大きくするために深い粗化形状にする必要がある。

金めっき前処理においては、金めっきを析出させるパッド（ランド）の縁に存在するカバーレイの糊残りを除去するために、ジェットスクラブ研磨、プラズマ処理が行われる。カバーレイは 25 µm 前後の厚さがあるため不織布バフ研磨ではランド表面まで追従しづらいが、バフ研磨とプラズマ処理が併用される場合もある。

同じフレキシブル性のある材料を使用し、テープサブストレートに分類される COF の回路形成前処理は、導体幅が小さい（L/S ピッチが小さい）ため、化学研磨より微細な凹凸が形成される電解研磨が用いられることがある。

7.3　リジッド基板

7.3.1　内層露光前処理研磨（内層回路形成）

内層回路形成工程の DF（ドライフィルムフォトレジスト）ラミネートの前処理工程となる。DF の密着性を上げることが目的であるため、管理すべきことは密着性の良い銅表面凹凸形状（粗面化状態）を得ることだけではなく、DF 密着性を阻害するような銅表面にしないことである。

そのためには、粗面化処理後は十分な水洗を行い、水洗後に水シミを残さないことおよび水洗、乾燥から DF ラミネートまでの間に異物を付着させないことが重要となる。

内層基板は板厚が薄いため、物理的な研磨の場合、パネルが伸びやすいので注意が必要である。

物理的な研磨の場合はジェットスクラブ研磨を用いることがあるが、研磨剤の持ち出し、パネル表面への残留による問題もある。特に近年は、パネルのコア厚40 μm以下*2の極薄材も多く使われているため、物理的な研磨に代わって化学研磨が主流となっている。

化学研磨で使用される薬液は、過硫酸塩水溶液のような銅表面を均一にエッチングするエッチング剤ではなく、DF密着性を上げるために、硫酸–過酸化水素系エッチング剤を使用した、いわゆる銅表面に微細な凹凸を形成する粗面化（粗化）と呼ばれる処理が多くなっている。

硫酸–過酸化水素系エッチング剤による粗面化は、銅の結晶粒界を浸食する方法であり、銅粒子と粒界におけるエッチング速度の差をもたせることにより銅表面を凹凸にしている。DF密着性はエッチングの深さに依存するが、エッチングが深すぎるとDFが剥離しにくくなるためエッチング量の管理が重要になる。

7.3.2　穴埋め後平坦化（穴埋め研磨）

配線の高密度化、伝送速度の向上により、近年、増えてきたパッド・オン・ビア構造のために必要となる工程であり、各社の穴埋め技術および研磨技術等、ノウハウが多い工程である。

穴埋めに使用するインキは、エポキシ樹脂等の絶縁性インキや導電ペーストが使用される。

インキを穴埋めする方法には、つぎのような方法がある。

(1) スクリーン版を使用し埋める穴のみにインキを充填する方法
(2) パネルの下に、充填する穴と同位置に穴をあけた治具を置き、スクリーン印刷で充填する方法
(3) パネル下面にフィルムを貼り、真空状態でスクリーン印刷する方法

図7.1に穴埋め印刷した状態のパネル表面の写真、**図7.2**に断面写真を示す。

＊2　銅張積層板の板厚は、一般的に0.8 mm未満の板は銅箔を含まない厚さとして、0.8 mm以上の板は銅箔を含んだ厚さとされている。

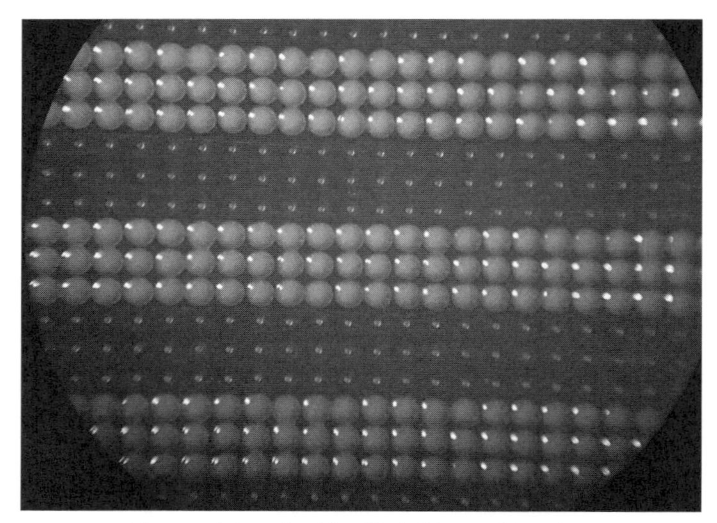

図 7.1　穴埋め印刷後（研磨前）のパネル表面

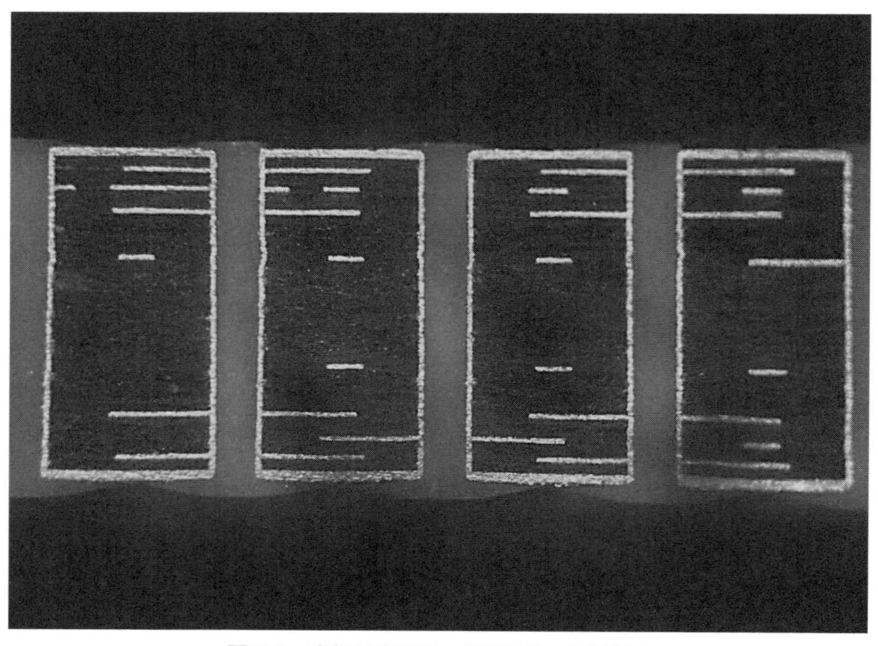

図 7.2　穴埋め印刷後（研磨前）の穴断面

他の方法として、真空状態でパネル全面にインキをコーティングし、余分なインキを掻き取りながら、穴内にインキを充填する方法もある。

図 7.3 に穴埋め研磨工程の模式図を示す。図には銅めっき後に穴埋めした場合と導体エッチング後に穴埋めした場合を示している。

充填されたインキはパネルの穴の表裏にはみ出るが、それを削り落とし、平滑な面を形成するのがこの研磨である。

印刷工法の違い、印刷条件、インキの条件によって突起する量が異なるため、それに合った研磨条件を用いている。乾燥後の研磨は、ベルト研磨で行う場合もあるが、セラミックバフでの研磨が多くなっている。一般的な構成は、前半はセラミックバフでの研磨、後半は不織布バフでの研磨が多い。

充填されるインキはフィラーを多く含み硬いので、充填後、仮乾燥を行い半硬化状態で粗研磨を行い、完全乾燥後に仕上げ研磨を行う場合もある。

銅面を研磨する工程と異なり、充填した樹脂の研磨カスが多く発生する。ローラー圧で樹脂カスをパネルに押し付けてしまうと凹みが発生するため、研磨中および研磨後の水洗は重要である。

印刷工法、インキの種類により、セラミックバフ研磨の段数は異なり、仕上げ研磨となる不織布バフ研磨もバフの番手を粗目のものから細目のものへと順

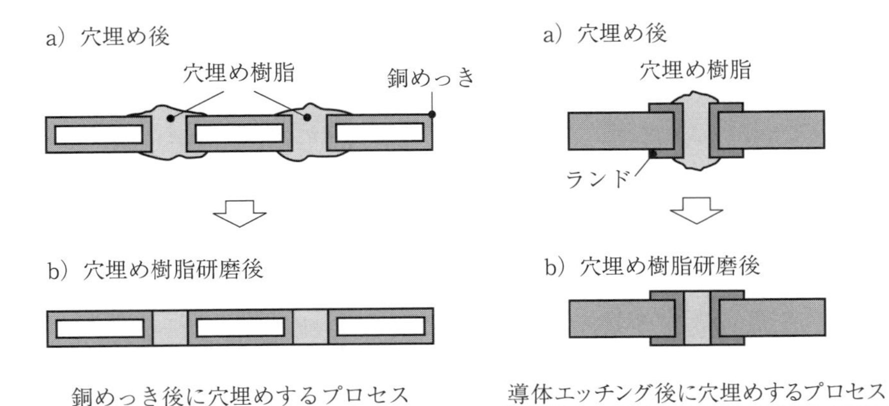

出典：3M™プリント配線板研磨用製品カタログ、スリーエム ジャパン株式会社

図 7.3　穴埋め樹脂研磨工程

に行っている。8軸研磨機（片面当たり4軸）により導電ペーストで穴埋めしたパネルの軸ごとの研磨状況について、**図 7.4** に示す。

穴埋め印刷するパネルに黒化処理等の粗面化が行われている場合、粗面化されたプロファイルの谷部（凹部）にインキが入ることで、その部分が研磨では取り切れない場合がある。

それを避けるために印刷前にパネル表面を研磨し、粗化形状を平滑にする場合がある。その時、穴内は粗面化された状態のままになっているため、インキの密着性は良い。

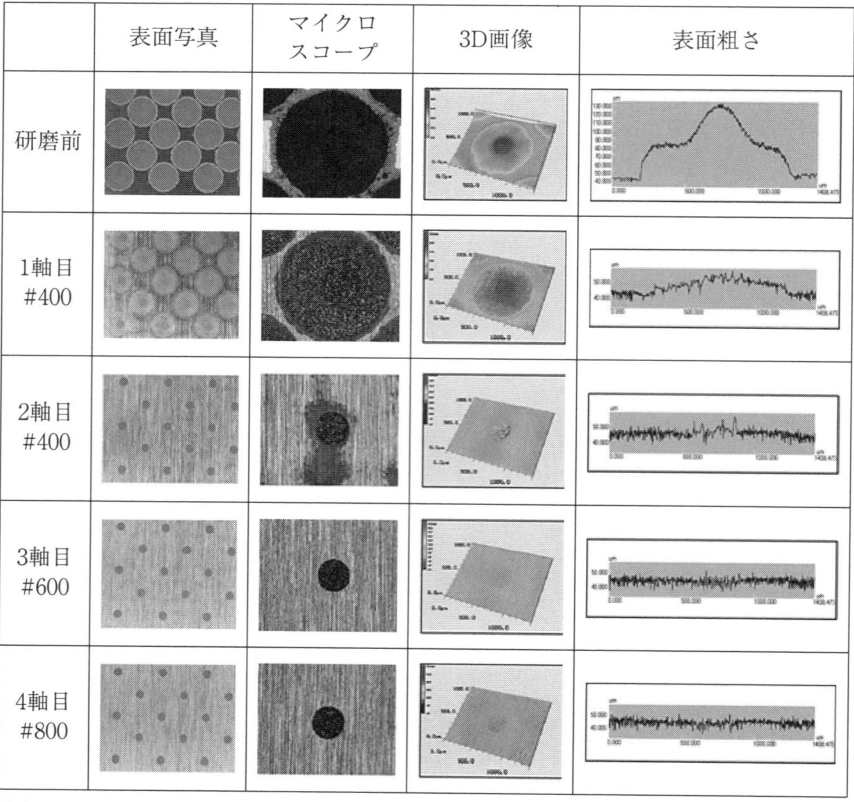

資料提供：株式会社角田ブラシ製作所

図 7.4　導電ペースト穴埋め基板の8軸研磨機による研磨状況

特に、板厚が厚いパネルではスルーホール内のZ方向（パネルの厚さ方向）の熱膨張が大きくなるため、穴内のインキの密着性を上げるために粗面化し、パネル表面はバフ研磨して平滑にしてから穴埋め印刷することがある。

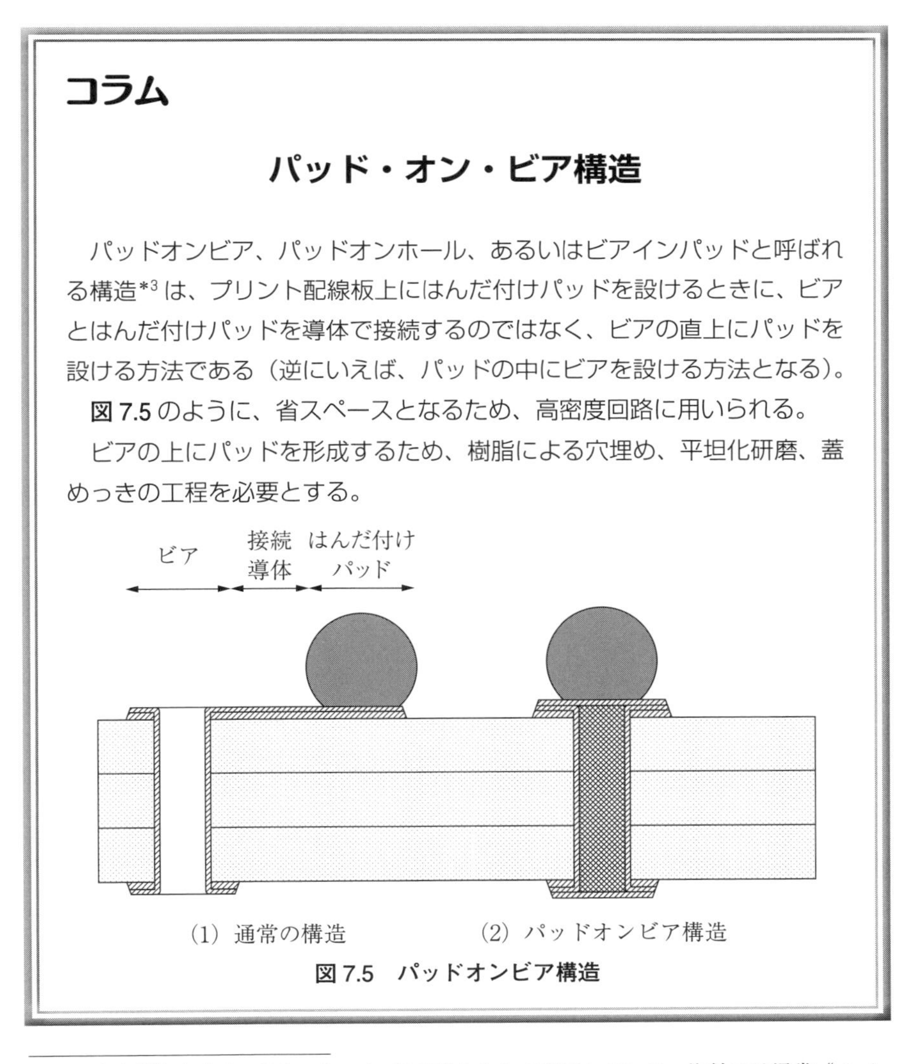

コラム

パッド・オン・ビア構造

パッドオンビア、パッドオンホール、あるいはビアインパッドと呼ばれる構造*3は、プリント配線板上にはんだ付けパッドを設けるときに、ビアとはんだ付けパッドを導体で接続するのではなく、ビアの直上にパッドを設ける方法である（逆にいえば、パッドの中にビアを設ける方法となる）。

図7.5のように、省スペースとなるため、高密度回路に用いられる。

ビアの上にパッドを形成するため、樹脂による穴埋め、平坦化研磨、蓋めっきの工程を必要とする。

図7.5　パッドオンビア構造

＊3　高木[文献1]は「パッドオンホール（POH）」として説明している。海外では通常“via in pad”（VIP）と呼ばれる。

7.3.3　積層前処理（黒化処理、粗化）

積層工程において、プリプレグ樹脂との密着性（ピール強度）を上げるために銅酸化物の針状結晶を形成することで銅表面を粗面化する。

結晶の長い黒化処理（ブラックオキサイド）と結晶の短いブラウン処理（ブラウンオキサイド）がある。

亜塩素酸塩や次亜塩素酸塩を用いて銅表面を酸化して針状結晶を形成するが、処理工程数が多い、ハローイング不良の発生、基材種によってはピール強度が弱いといった欠点がある。また、粗面化された表面が物理的な圧力に弱く、折れた結晶が不良の原因となることから処理表面の取り扱いも慎重に行う必要があり、搬送に使用するローラーによるローラー痕が付いてしまうため、水平搬送処理が難しい。

ハローイングに関しては、黒化処理後に還元処理をすることによって、針状結晶構造はそのままに酸化銅を銅に還元し、ハローイング防止を実現する方法（黒化処理還元法）もあるが、工程がさらに複雑になる。

そこで、黒化処理の欠点を改善する処理として、硫酸–過酸化水素系のエッチング剤または有機酸系のエッチング剤が開発された。黒化処理と同程度の密着性が得られる粗化形状が形成でき、現在、同工程の主流となっている。

銅粒子と粒界におけるエッチング速度の差をもたせることにより粗面化し微細な凹凸を形成している。銅表面に形成される有機皮膜による化学結合によりプリプレグ樹脂との密着性を上げている薬剤もある。

使用するエッチング剤はリジッド基板とPKG基板で使い分ける傾向が見られ、使用する樹脂の吸水性・耐熱性に対応したエッチング剤を使用することで、最適な粗化形状にしている。硫酸–過酸化水素系のエッチング剤よりも有機酸系エッチング剤の方が、ギザギザで表面積の大きな形状が形成でき、アンカー効果のみで十分な密着性が得られる。

また、この化学研磨工程は銅ダイレクトレーザー加工における前処理としての用途を兼ねることもある。ここで得られた銅表面の粗化形状がレーザー光の吸収率を高め、レーザー光によるビア形成を可能にしている。

7.3.4　積層用中間板研磨

積層工程において、積層プレスによる加工の際に使用する中間板（ステンレス板）の研磨である。

積層にて溶融したプリプレグの樹脂が中間板に付着することがあり、それを研磨で除去している。ピンレスラミネーション工法では樹脂の付着は少なく不織布バフ研磨で処理が可能だが、ピンラミネーション工法（基準ピンを使用した積層方法）の場合、基準ピン穴周囲への樹脂付着が多く不織布バフ研磨以外にベルト研磨や手作業で研磨することもある。

ステンレス板表面の深い傷は、不織布バフ研磨ではなくベルト研磨のような研削力の大きな研磨方法を適用することがある。

7.3.5　積層後研磨（表層にIVH（ブラインドビア）を有する基板）

IVHを有する基板（シーケンシャル積層法による多層プリント配線板）を一括積層（最終的な全層の積層）した場合、プリプレグの樹脂はスルーホールに充填される。その際、樹脂は外層の銅表面にも付着してしまい、付着した樹脂は研磨にて取り除いている。

図7.6に、その工程の模式図を示す。

その研磨が不十分な場合、表面のブラインドビア周囲の銅表面には樹脂が残ってしまい、その後の銅めっきとの接続ができなくなる。その結果、回路形成でのエッチングレジストとなりパターンショート不良となってしまう。

この樹脂は、セラミックバフまたは硬い不織布バフ研磨にて完全に除去する必要がある。

7.3.6　バリ取り研磨（穴あけ後研磨、銅めっき前研磨）

スルーホール穴あけ後に発生するパネル表面の穴周囲のバリを除去する工程であるが、エントリーボード、バックアップボード、穴あけ機の性能向上およびドリル工具の形状、穴あけ条件の最適化により、スルーホール穴あけでの穴周囲のバリ発生は減少している。したがって、この研磨工程は、銅めっきの前工程としてパネル表面を清浄化し、めっき不良を防止することが主なる目的と

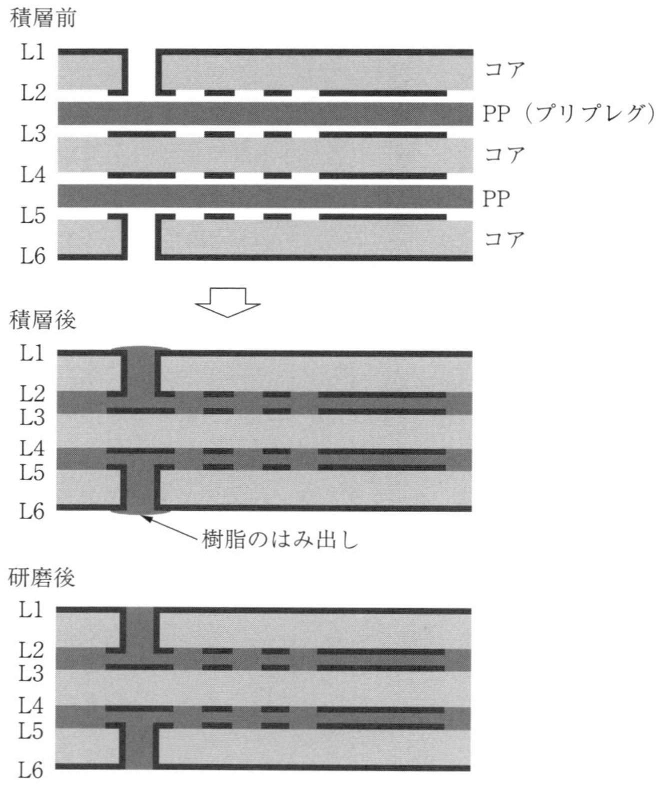

図 7.6　IVH を有する基板の積層後研磨

なっている。

追従性の良い、軟らかい不織布バフを使用したり、押し圧が大きすぎたりすると穴ダレが生じやすいため、硬い不織布を使用したバフ研磨が用いられることが多い。多軸研磨機の場合、すべての軸でバフの回転方向を同じにせず、正回転と逆回転を交互に行うことにより、穴ダレを防止する方法が取られることもある。

また、研磨の方向性をなくすために平面バフを使用する基板メーカーもあり、パネル表面を軽く研磨している。

また、この研磨の後工程は銅めっき工程になるため、パネル表面の異物が取り切れなかった場合、それが回路形成工程においてエッチングレジストとなりパターンショートとなる。

バフの不織布繊維がちぎれたバフカスは穴に詰まりやすく、特に小径穴に詰まったものは高圧水洗や超音波洗浄でも除去できないこともある。このバフカスをパネルに付着させないためには研磨直後の水洗が重要である。また、5～10 MPa の高圧水洗にて研磨後のパネルを洗浄してパネル表面およびスルーホール内を清浄化する方法や超音波洗浄の併用は有効であり、バフカスの出にくいバフを選定することはもちろんのこと、研磨力は低下するがブラシを使用することもある。

一方、バフ自体の異常または研磨圧が不適切であった場合、この研磨工程でパネル表面にスクラッチ（深い傷）が発生することがある。この傷が原因となり、後工程の銅めっきにおいて突起異常に発展することがあるので注意が必要である。

7.3.7　めっき後研磨（ブツ・ザラ研磨）

パネル表面に異物が付着している場合や銅めっき液中の微小な異物がパネル表面に付着すると、その異物が核となり銅めっきが成長し、突起物となってしまう。また、銅めっき前処理における研磨にて、スクラッチ傷が発生した場合も突起物が発生することがあるので研磨ツール等の管理が重要である。

突起物の核となった物質を調べるために FTIR 分析*4 を行うことがある。前者の場合は、核となった物質（パネル表面の異物）が検出されるものの、後者の場合は核自体も銅であるため、原因の特定には至らないことがある。

この突起物は一般的にブツ、ザラと呼ばれるもので、その突起がある状態で回路形成を行うと、パターンオープンまたはショートの不良となる可能性がある。本工程の研磨は、その突起物を除去しパネル表面を清浄化する研磨工程であり、ブツ・ザラ研磨と呼ばれることが多い。

＊4　フーリエ変換赤外分光法（FTIR）とは有機物の分子の構造や官能基の情報を、赤外吸収スペクトルから得る方法である。不良解析のツールとしては、有機物からなる異物の同定に用いられる。

ブツ、ザラはバフ研磨で除去されることが多いが、研磨目が粗く銅表面が大きく荒れていると回路形成工程での DF の密着性が悪くなるため、細かく均一な研磨目に仕上げなければならない。

前半で粗目のバフ、後半で細目のバフという順で研磨することが多い。

ベルト研磨は、不織布バフ研磨よりも研削力に優れるため、ブツ・ザラ研磨に使用している基板メーカーもあり、この場合も前半は粗い研磨ベルト、後半は細かい研磨ベルトで処理している。また、不織布バフと比較してセラミックバフは研削力大、平面バフ研磨は研磨面積が大きいためブツ・ザラ研磨に使用している基板メーカーもある。

ブツ・ザラ研磨は外層回路形成工程でのラミネート前処理ラインに研磨機を組み込む構成とする基板メーカーもある。

7.3.8　ビアフィリングめっき後平坦化研磨

一般的ではないが、フィルドビアを形成するためのフィリングめっきの後に、機械研磨により表面の平坦化を行う場合がある。

研磨する対象は、7.3.2 項（穴埋め樹脂の研磨除去）とは異なり銅である。めっき後の研磨（7.3.7 項参照）と同様な研磨材・装置が用いられる。

この研磨を行う理由は、

- 表面の凹凸が大きすぎて DF（ドライフィルムフォトレジスト）が追従できない
- 銅めっきでフィリングされたビアの凹み（ディンプル）が大きくて、直上のビアとの接続信頼性に懸念がある

などの問題の解決のためである。

特に銅めっきによるフィルドビア導入当初には、フィリングめっきの技術が進んでいなかったため、フィリング後の表面形状が平滑でなく（凹凸が大きく）、またフィリングするためには表面の銅めっき厚が過大になる傾向があったため、それを機械研磨で解決しようとしていた。

現在では、フィリングめっきの大幅な品質向上によって、この研磨を使用する必要性は少なくなっている。

3.5項（薄銅化）で説明したように、この研磨により接続に必要なめっき層まで削り込んでしまうと信頼性に問題が発生するリスクがあるので、この研磨の導入には充分注意が必要である。

（注：この研磨は、半導体製造工程のダマシンプロセスで、穴埋め銅めっき（半導体では「スーパーフィリング」あるいは「ボトムアップフィリング」と呼ばれる）の後に、CMP（Chemical-mechanical planarization/polishing）と呼ばれる化学機械研磨によって平坦化する工程と類似している。）

7.3.9　外層露光前処理研磨（外層回路形成）

この工程の研磨は、不織布バフ研磨、ジェットスクラブ研磨、化学研磨等、基板メーカーによって使用される方法が異なる。

いずれの場合も、DFの密着性を上げるために行うため、研磨の均一性および研磨後の凹凸形状が重要となる。

バフ研磨においては銅表面に深い傷（スクラッチ）があると、傷の底部までDFの感光層が密着しないことがあり、その部分にエッチング液が浸み込むことにより疑似断線不良、さらには完全な断線不良（パターンオープン不良）が発生することがある。

内層回路形成と同様、粗面化状態だけでなくパネル表面の清浄化も必要である。

また、スルーホールのあるパネルが多いため、化学研磨の場合、穴内にエッチング液残留がないように水洗を十分に行うことおよび水分残りがないように乾燥を十分に行うことが重要である。

7.3.10　ソルダーレジスト前処理研磨

ソルダーレジスト（ソルダーマスク）のインキ塗工方法には、スクリーン印刷工法、カーテンコート工法、静電スプレー工法、ドライフィルム工法があるが、いずれの場合も、パネル表面清浄化およびインキ密着性のために研磨を行う。

不織布バフ研磨、ジェットスクラブ研磨、化学研磨で行われることが多い。

微細パターンの場合、不織布バフ研磨を行うとパターンのダレ、ショート、飛び*5の原因となるため、細目のバフで押し圧も上げ過ぎないように十分管理して行う必要がある。

バフカスはパターン間に詰まりやすく取れにくいため、バフカスが出にくい細目のバフを選定する必要がある。また、研磨直後の水洗も重要となる。

ジェットスクラブ研磨の場合、研磨砥粒がスルーホールまたはパターン間へ挟まり残ってしまうことがある。砥粒径の管理および後水洗工程の管理が重要となる。

化学研磨の場合、硫酸−過酸化水素系や有機酸系が使用されるが、使用する薬品によりパターン表面の色合いが異なり、外観上の問題が発生しないように管理する必要がある。

いずれの研磨方法でも、パネルに異物、薬品、水分が残っている場合、ソルダーレジストのはじきや密着不良の原因となってしまう。研磨後は十分な水洗を行い、乾燥工程ではパネル表面および穴内の水分を完全に除去することが重要である。

7.3.11 無電解金めっき前処理研磨

ジェットスクラブ研磨または軽く不織布バフ研磨することが多い。

スルーホールが小径になると穴内にスラリー研磨砥粒が詰まる不具合が発生するため注意が必要である。

また、フレックスリジッド基板等、パネル表面に凹凸のある基板の場合、均一に研磨することが難しく、エアーサンダー等にて手作業で研磨することもある。

7.4 マイクロセクション試料作成における研磨技術*6

これまで説明した研磨技術は、プリント配線板の製造工程で用いられる研磨

＊5　パターンの飛び：導体パターンが局部的に欠落すること。断線につながるような比較的大きな規模の欠落をいう。

＊6　この節は、本書と同じシリーズの図書「本当に実務に役立つプリント配線板のめっき技術」文献2の6.2.3項をもとに、最新情報に更新し作成したものである。

に関するものであった。これに対して、この節で説明する研磨技術は、製造工程で用いられるものではなく、品質管理部門で主に用いる、顕微鏡観察用の試料作成に用いられる研磨技術である。

マイクロセクション（顕微鏡断面試験）*7 はプリント配線板の品質評価に欠かせない重要な品質評価手法である。原理的には、プリント配線板の一部を切り出して、必要に応じて樹脂に埋め込み、断面を切って顕微鏡で観察測定するという単純な手法である。

マイクロセクションは積層工程、穴あけ工程、めっき工程、原材料などに起因する不良の有無の検知に広く用いられている。どのような分野で使われているかを**図 7.7** と**表 7.1** にまとめて示した。

断面試料作成は、原理的には単純な方法であるが、製造工程のような自動化

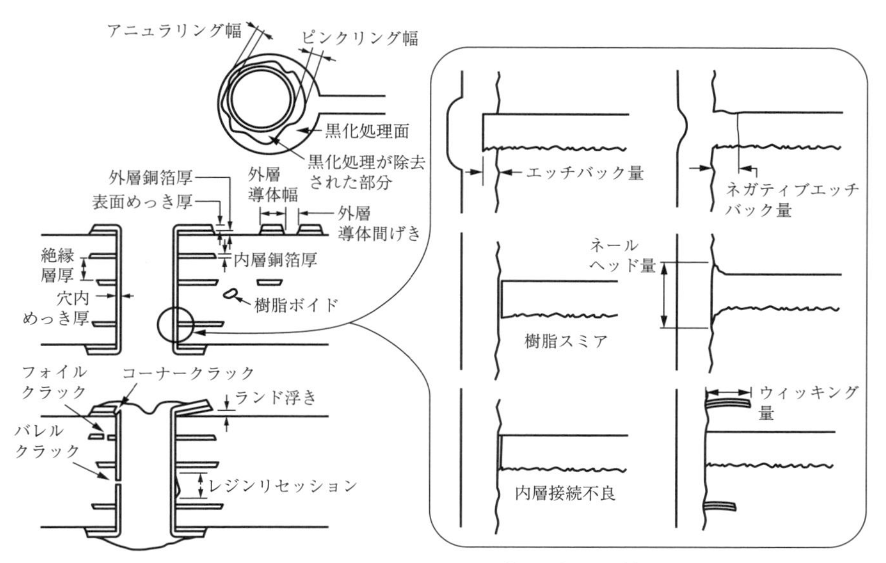

図 7.7　マイクロセクションで管理する品質項目

＊7　顕微鏡（microscope）により断面（cross-section）を観察する試験であることから、この観察試料および試験方法を呼ぶのにマイクロセクション（microsection）の語を用いる。『断面検鏡』とも呼ぶ。

表 7.1　マイクロセクションで管理する品質項目

項　目	説　明
スルーホールめっき厚	銅めっき、はんだ（錫鉛合金）めっきなどの測定
スローイングパワー	表面めっき厚と孔内めっき厚の比
表面めっき厚	銅めっき、はんだ（錫鉛合金）めっき、ニッケルめっきなどの測定
表面および内層の導体幅、導体間隙	測定
銅箔厚（内層・外層）	測定
表面および内層の導体エッチング状態	サイドエッチ、オーバーハング、エッチファクターなど
絶縁層厚（層間距離）	測定
内層ランド位置ずれ	アニュラリング幅の測定、位置ずれ量の測定、ランド切れの検出
スルーホールめっき析出状態	めっきボイド、めっきノジュール、レベリング性、めっきの結晶状態
孔壁粗さ	穴あけ状態とデスミア条件の総合結果が表れる
ネールヘッド	穴あけ状態の管理。幅の測定（銅箔厚の何倍になったか）。
コーナークラック バレルクラック フォイルクラック	コーナークラックとバレルクラックは銅めっき膜の物性と厚さに大きく影響される。フォイルクラックは銅箔の形状と厚さによる。
レジンスミア	穴あけ状態とデスミア条件の総合結果が表れる
内層接続不良（ポストセパレーション）	樹脂スミア以外の原因で多層板の内層接続部、あるいはマイクロビアの穴底接続部が剥がれたもの。
エッチバック	樹脂エッチングによる絶縁層の後退量を測定
ネガティブエッチバック	エッチングによる内層銅箔の後退量を測定
ウィッキング	ガラス繊維にそっためっきの浸透距離を測定
レジンリセッション （樹脂後退）	樹脂と銅めっき層との間の空隙の寸法（深さと長さ）を測定
レジンボイド （樹脂ボイド）	樹脂の空隙の大きさを測定
パッドリフティング （ランド浮き）	下地の樹脂から浮いた長さと浮いた高さを測定
ピンクリング （ハローイング）	孔壁面からの広がり距離を測定
デラミネーション、 ミーズリングなど	大きさを測定
はんだ付け性	パッド面の濡れ性、孔内はんだ上がり性、ブローホールの有無

注意：ここでは完成品としてのプリント配線板を破壊検査で品質評価する場合の項目を取り上げた（マイクロセクションは、製造工程途中の品質管理に使われる場合も多いが、この表には取り上げていない）。

は進んでおらず、位置合わせにピンを使うなどの半自動化機器がある程度採用されている段階である。技能を要求されるような手作業で行っている場合も多い。

試験は（1）前処理、（2）試料作成、（3）顕微鏡観察の手順で行う。受入れ状態での評価（as received condition）が必要な場合には、前処理（pre-conditioning）は行わない。

プリント配線板のスルーホール接続が、はんだ付けなどの熱衝撃や温度サイクルに耐えられることを確認するため、熱衝撃試験後の状態の評価を要求される場合が多い。その場合は前処理としてはんだフロート試験やリワークシミュレーション試験（はんだ付け繰り返し試験）を行う場合が多い。

具体的な断面試料作成方法を**表 7.2** に示す。粗い砥粒から細かい砥粒へと段階的に進む。数段階の研磨紙を用いた固定砥粒研磨法による湿式研削および研磨（水を流しながら研磨）から始まり、最終研磨は油あるいは溶剤中に分散したダイヤモンド砥粒、水中に分散したアルミナ砥粒などを用いた遊離砥粒研磨法になるのが一般的である。要求仕様によっては、途中の段階を省略して短時短時間に仕上げる場合（工程内検査などの簡便な試験用）もある。

研磨が終わった後は、研磨面を軽くエッチングし、結晶の粒界、めっき層間の境界線を明確にする。これは、6.1.2 項（マイクロエッチング液による粗面化）でも説明したような、粒界でのエッチング速度がより速いというマイクロエッチング液の作用の応用である。エッチング液の組成の例を**表 7.3** に示す。

きれいな断面試料を作るのはなかなか難しい。次のような点に十分留意する必要がある。

(1)『だれ』の防止

研磨しているとき、固い金属の部分よりも軟らかい樹脂の部分で研磨が速く進み、金属部分が突き出たような形になり凹凸ができる。突出した角の部分に力が集中するからその部分が丸くなり、研磨方向によっては凸部の金属が凹部に流れる（『だれ』る）。したがって境界が明確にならず、高品質の試料が得ら

表 7.2　マイクロセクション試料作成方法(注1)

No.	手順	条件
1	切り出し	湿式砥石切断機、ダイヤモンドホイール切断機などを使ってサンプルを切り出す。 打ち抜きなどの、試片に物理的損傷を与えるような方法は避けること。
2	洗浄・乾燥	水洗またはアルコール洗浄。
3	埋め込み	専用プラスチックケースなどの型の中に垂直に置き、仮止めして、樹脂を流し込む。
4	減圧脱泡	減圧、復帰を繰り返して穴の中の気泡を追い出す。
5	硬化	室温、急ぐ場合は加温。
6	型外し	
7	研削・研磨	耐水研磨紙（エメリー紙）による研削・研磨からダイヤモンド砥粒、アルミナ砥粒による研磨（ラッピング・ポリシング）へ(注2)。
8	乾燥	
9	エッチング	アンモニア水と過酸化水素水からなるエッチング液（表 7.3 参照）をその都度作成して用いる。綿棒で表面を軽くこするようにして、均一にエッチング。
10	水洗乾燥	顕微鏡の観察ステージにエッチングの薬液を持ち込まないように注意。

注 1　この表は、IPC の試験法マニュアル[文献5]に基づいて、簡略化してまとめたもの。このマニュアルは手作業の場合と半自動機を用いた場合の双方が盛り込まれているが、この表は手作業の場合を示す。

注 2　研磨の砥粒の粒度は以下のように用途に合わせて決められている（粒度は米国式表記と欧州式（ISO 式）表記が併記されているが、ここでは JIS も採用している欧州式の表記で示す）。

2 ステップ：P1200 → 1 μm
3 ステップ：P180～P280 → P1200～P2000 → 1～0.25 μm
4 ステップ：P120～P180 → P280～P300 → P800～P1200 → 1～0.25 μm
5 ステップ：P80 → P220 → P1200 → P4000 → 1 μm

れない。（**図 7.8**）このような『だれ』を防ぐためには次のようなことが重要である。

- ダイヤモンド砥粒の使用（非常に硬く、研磨力のある砥粒であるから、銅とプラスチックが同じように削れる）。
- 細かい砥粒の研磨剤で長時間研磨しない（細かい砥粒での研磨は、前の

表 7.3　マイクロセクションサンプルのエッチング液

No.	組　成		備　考	出　典
(1)	アンモニア水（28%）	1 部	1：1 の容量比率で混合。全量 10 mL 以下(注2)。	IPC の試験法マニュアル[文献5]
	安定化過酸化水素水（3%）(注1)	1 部		
	純水（オプション）	25 mL	低速エッチングを望む場合	
(2)	アンモニア水	5～10 mL		TPCA のハンドブック[文献4]
	純水	45 mL		
	過酸化水素水(注1)	2～3 滴		

注 1　(1)の 3%安定化過酸化水素水とは医薬品のオシキドールである。試薬の過酸化水素水（通常は濃度 30～35%で）を用いる場合は希釈が必要。(2)の過酸化水素水は明らかに試薬のものである。

注 2　使用する都度作成し、銅張積層板などを用い一度銅を溶かして液を活性化させてから用いる。

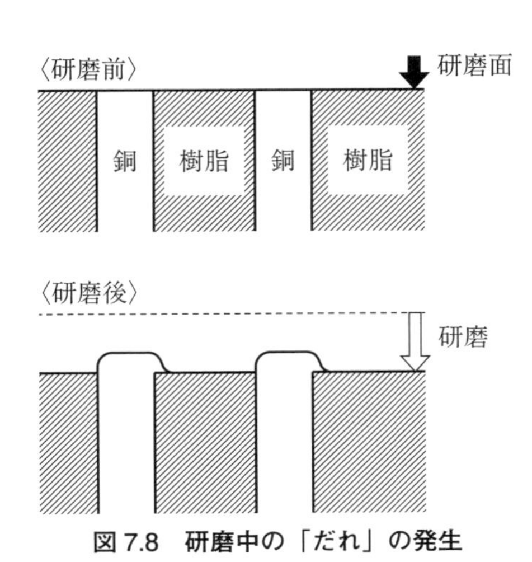

図 7.8　研磨中の「だれ」の発生

段の研磨跡を消すまでで十分であり、それ以上長く削ると『だれ』を発生させる)。

(2) キズの防止

前段の砥粒が次段へ持ち込まれて傷を発生させる場合が多い。前段から持ち込まれた砥粒で汚染された研磨紙は、傷発生機となってしまう。次の段に進むときには必ず試料を入念に洗う、手をよく洗う、手袋も変える、研磨紙をとめる回転盤が共通のときはそれもよく洗う、などの「現場の規律」的な改善で解決できる場合が大部分である。

研磨剤がサンプルに付着していて、簡単な水洗いでは除去できない場合もあるから、超音波洗浄を用いる方が良い。ダイヤモンド砥粒で油系の研磨液を用いた後は水洗ではなくアルコール洗浄とする。

(3) 研磨面をホール中心に合わせる（誤差の防止）

プリント配線板のスルーホールを断面観察する場合に重要なのは、穴の中心線を通る面を断面として、検査を行うことである。試料作成のときに（特に最初の粗研磨の段階で）この面出しが決まってしまうから、この点によく注意した作業が必要である。

専用の位置決めピンと位置決め穴用穴あけ機および専用の樹脂ケースを使って、自動的に中心に合わせて研磨する機械も市販されているので、大量に試料作成をする施設では導入を考慮すべきである。

削り過ぎあるいは不足によって、穴の中心ではない位置で断面を出したときは、**図 7.9** のように、斜めで切ったことになり、誤差が生ずる。例えば、穴内のめっき厚測定値が実際の厚さよりも大きくなるような不具合が起こる。試料作成で、樹脂による埋め込みのとき、板を垂直に立てることが重要であるのは、この誤差の防止のためである。

具体的な断面試料作成の細かいテクニックに関してはNeves[文献3]が参考になる。研磨面に爪をすべらせてみて段差が感じられたら、その研磨は『だれ』が発生しているとか、硬化の速い埋め込み樹脂は収縮も大きいため、試片と乖離

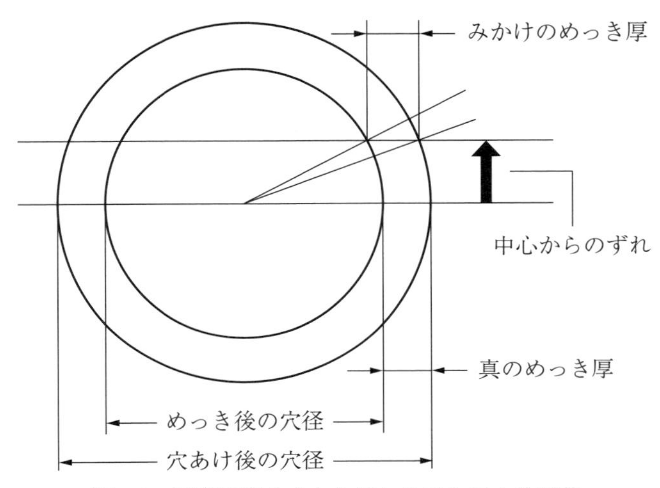

図 7.9　研磨面が中心から外れることによる誤差

しやすいとか、他のマニュアルにはないような現場の目線から指摘が有益である。

また、マイクロセクションの解析の指針としては、台湾電路板協会（TPCA）が発行したハンドブック[文献4]も参考になる。

近年改訂されたIPCのマニュアル[文献5]や規格[文献6]は、半自動化試料作成法に対応した手順が取り入れられている。

上記のような注意をしても、機械的研磨では微細部分まで変形のない断面試料を作成するのは困難である。そこで、微細な部分の観察が必要な場合にはイオンミリングを採用する場合がある。

プリント配線板の場合は、アルゴン（Ar）イオンビームによる試料切断研磨法*8が採用されている。これは半導体産業でSEM試料作成などによく用いられる、ガリウム（Ga）イオンを用いた収束イオンビーム（FIB＝Focused ion

＊8　この方法は、最初に開発された装置の商品名「クロスセクションポリッシャ」（日本電子株式会社）に基づいて、CP法と呼ばれる場合もある。

beam）加工と同様の方法である。ただし、プリント配線板で使う装置は、①使うイオンはアルゴンであること、②イオンビームは絞り込まず、ブロードなものを用い、遮蔽板によって試料断面を規定する（**図 7.10**）こと、が異なる。

光学顕微鏡ではとらえられないような微細な観察にはSEMを用い、元素の分析にはEDXなどを用いる。また結晶配向を調べるにはEBSD（Electron Back Scatter Diffraction Patterns）法などを用いる。

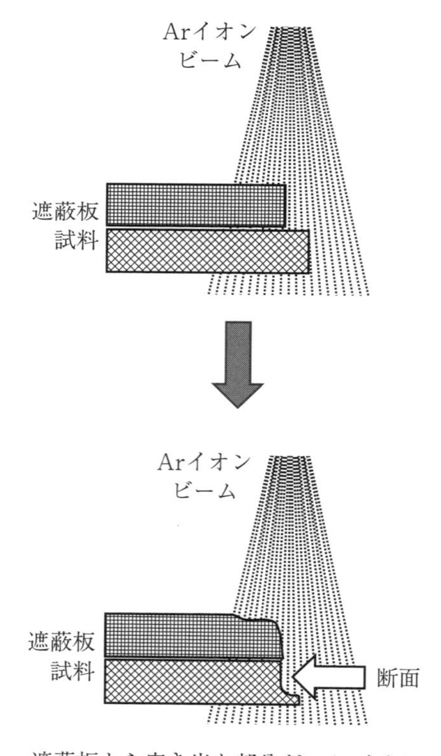

図 7.10　アルゴンイオンビームによる断面試料作成

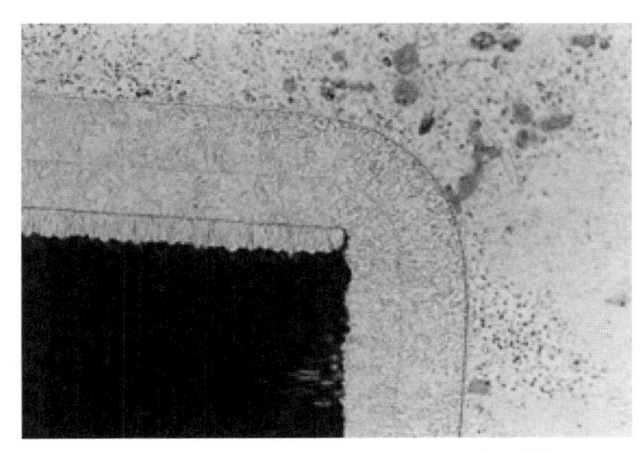

図 7.11　マイクロセクション写真の例

実際の光学顕微鏡写真の例を**図 7.11** に示す。雑誌や論文に発表される写真のなかでも、傷が多く輪郭がはっきりしないような研磨品質の低いものが現在でもよく見うけられるが、この面での改善が望まれる。

【第７章　参考文献】

１．高木　清，ビルドアップ多層プリント配線板技術，5.4 節，日刊工業新聞社，2000 年６月

２．雀部俊樹，石井正人，秋山政憲，加藤凡典：本当に実務に役立つプリント配線板のめっき技術，日刊工業新聞社，2009

３．Bob Neves：The Microsection – a Work of Art（Part 1），Circuitree, May 1996, p. 118（1996）;（Part 2），ibid, June 1996, p. 104–108（1996）;（Part 3），ibid. July 1996, p. 28–30（1996）

４．台灣電路板協會（TPCA）：電路板微切片手冊（PCB Microsection Guide Book），2nd ed., 2006

５．IPC, IPC–TM–650 Test Method Manual, No. 2.1.1F, Microsectioning, Manual and Semi or Automatic method, 2015

６．IPC, IPC–9241, Guidelines for Microsection Preparation, 2016

第8章

研磨のトラブルシューティング

ものづくり工程はいくつもの加工や作業、環境、材料、補助資材、ツール管理等の適切なバランスのもとに成り立っている。したがって個々の内容が優れていても、全体のバランスがとれていなければ良品質の製品は生まれない。この原理原則をしっかり理解して本書を活用していただきたい。

つまり、プリント配線板のDF（ドライフィルムフォトレジスト）ラミネート前のパネル表面研磨が適切であったとしても、その直後のヒートローラによるラミネート条件が適切でなかったり、DFとパネル間にDFカット時のフィルムチップや他の異物が巻き込まれたりすれば、**図8.1**や**図8.2**のような不良を発生させてしまう。

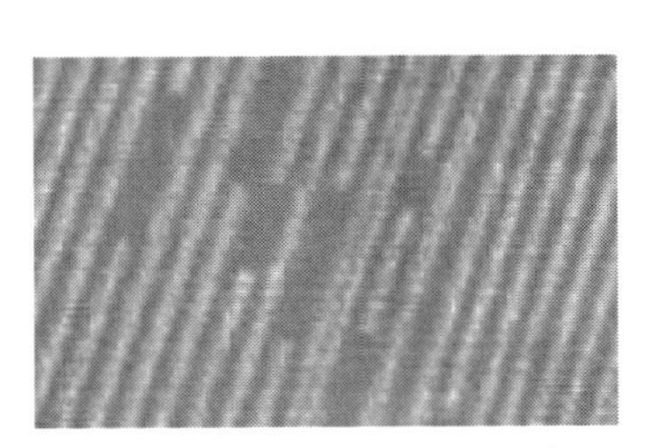

図8.1　DFラミネート条件不適によるパターンオープン

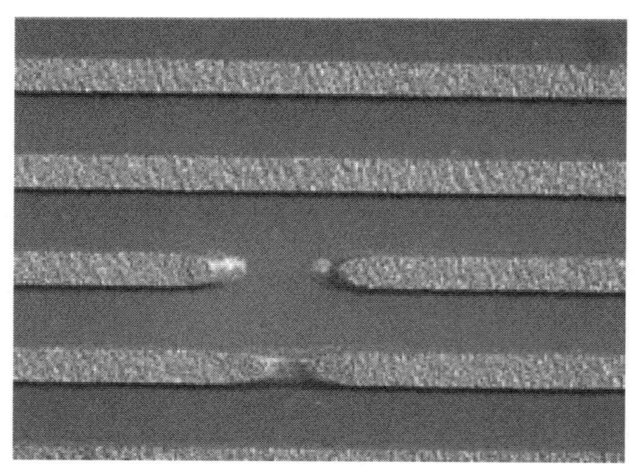

図 8.2　パネル表面と DF 間に介在した異物により、DF の密着が阻害されて発生したパターンオープン

8.1　品質保証に関する要点

トラブルシューティングを云々する前に、品質保証や品質管理に関する重要な考え方について最初に述べる。

ものづくり企業であろうが無かろうが、品質を保証しなくても良い企業など、企業競合の世界ではありえない。企業が保証すべき品質は、**図 8.3** に示したとおりで意味深い。正しく理解していただきたい。

品質保証上の必須事項

① 正道（ごまかしをしてはならない：企業、個人共）

② 誠意（常に原理原則に忠実な考えとその実践が必須）

企業競合上の差別化のための基本思考

① 競合可能なコスト範囲のものづくり

② 遵守可能な納期のものづくり

③ 適切な品質のものづくり

これらを全うするためには、正しい思考による安定したものづくりの仕組みと、どんな小さな不具合でも宝の山に変えようとする職場風土が絶対条件である。

さらに作業者をエキスパートに育てて、各製造工程のモチベーションを上げ

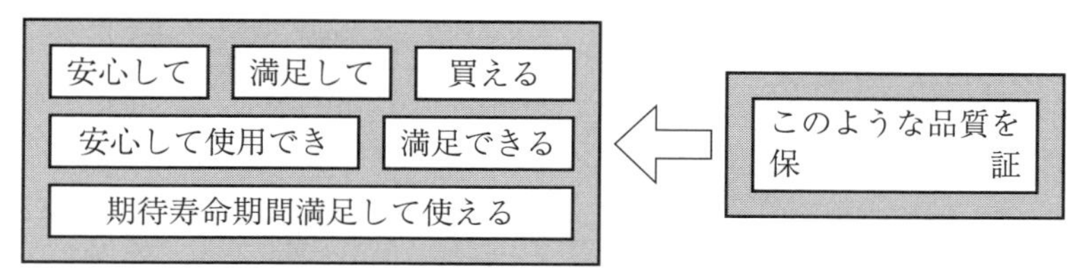

図 8.3　品質保証の本質的意味合い

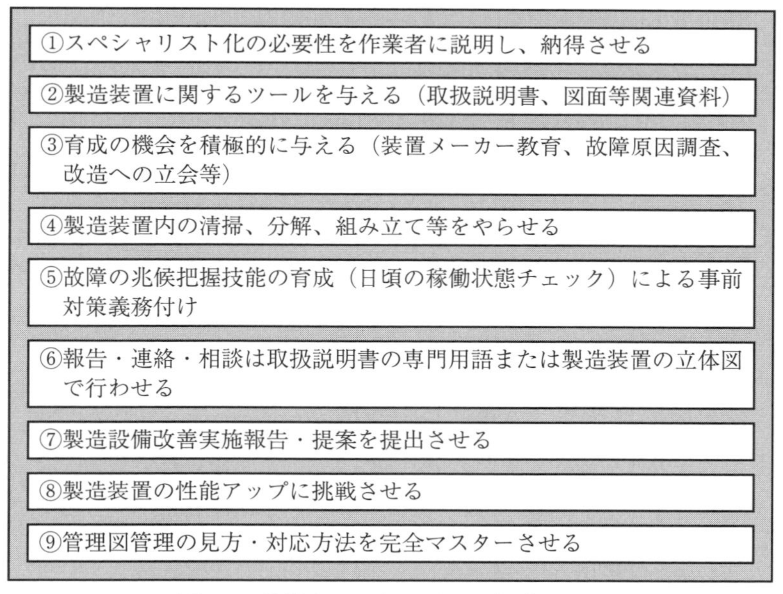

図 8.4　作業者のエキスパート化ポイント

る必要性も高い。**図 8.4** に作業者のエキスパート化ポイントを示したので、作業者を必ずエキスパートに育ててほしい。我が国が優先的にできる国際競合力上の差別化策なのである。

8.2　研磨不良の概要

研磨不良は次のように大別される。

① 研磨加工そのものの不良

② 研磨加工前に発生した瑕疵による不良

③ 両者のいずれに起因するものか明確にし難い不良

研磨加工そのものの不良原因としては次のことが考えられる。

① 研磨加工条件設定ミス

② 研磨ツールの管理不適

③ 研磨装置、各部位の管理不適

④ パネルの重なり、取り扱い方法等に起因するパネル表面の傷

各研磨加工の前工程の瑕疵が原因となる不良としては次のことが考えられる。

① 前工程での処理装置内で発生した傷、打痕

② 取り扱い方法が原因となる傷、打痕

③ 銅めっき工程で発生したブツ、ザラ、ノジュール、異物づまり

研磨加工の前工程で発生したパネル表面の異常についても、研磨工程にて修正する必要があるが、原因工程での改善が基本である。

今までの章では、研磨加工で不良が発生しないような管理方法や管理項目について述べてきたが、本章では研磨加工の前工程および研磨加工工程中の不良の事例について記述する。

8.2.1　穴埋め後平坦化（穴埋め研磨）

図 8.5 に充填した穴埋め樹脂を研磨する前の状態、**図 8.6** に研磨後の写真を示す。図 8.6 は、研磨前のパネル表面（穴周囲）に打痕（凹み）があったため、その部分にインキが充填されてしまい、研磨後もそのインキが残ってしまった不良である。このまま回路形成されると、パターンショート不良になる可能性が高い。

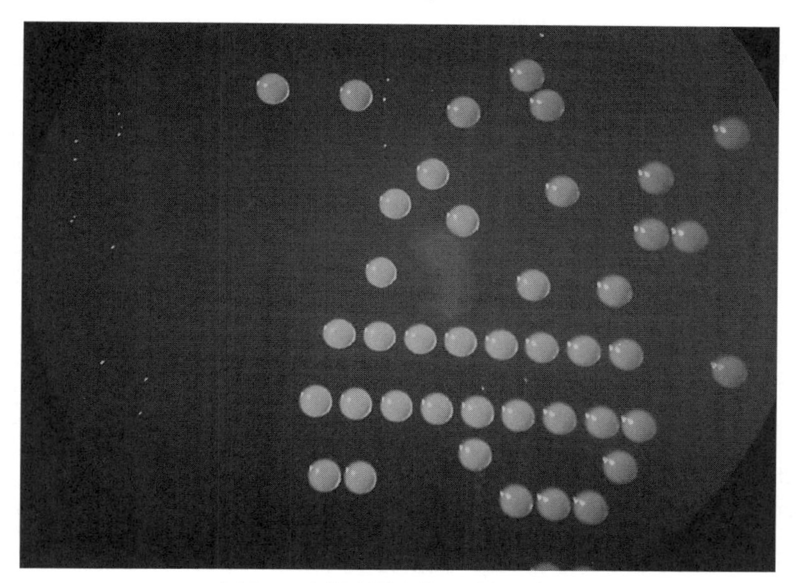

図 8.5　穴埋め研磨前のパネル表面

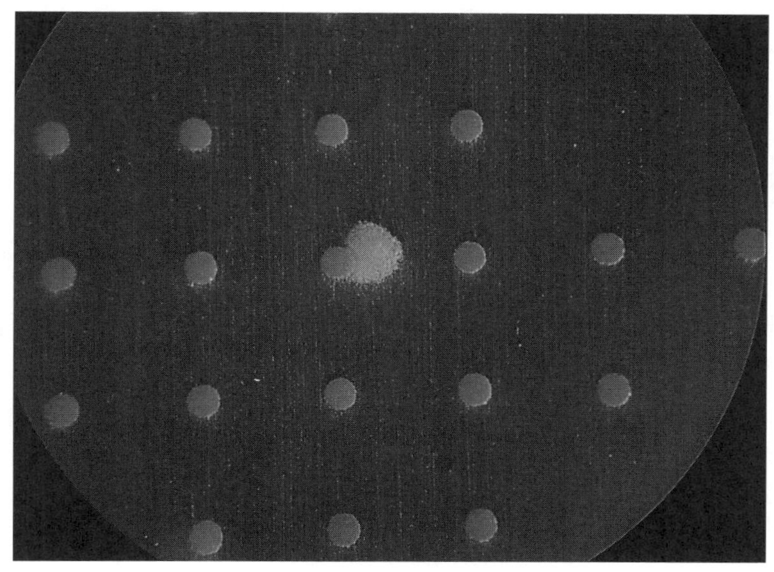

図 8.6　穴埋め研磨後のパネル表面

8.2.2　積層前処理（黒化処理）

穴あけ後の銅めっき前処理の酸により、穴周囲の黒化処理面が溶解し白色のリングが生ずるハローイング現象の不良を**図 8.7** に示す。また、黒化処理された表面は物理的な圧力に弱く、パネル取り扱いの際に傷が発生しやすい。その傷は外層表面から見えることがあり、良否の判断が付かないことから不良品になることが多い（**図 8.8**）。

8.2.3　バリ取り研磨（穴あけ後研磨、銅めっき前研磨）

穴あけ条件不適により発生したコーナーバリが研磨で除去できず、銅めっきにて穴周囲が盛り上がってしまった不良の平面写真を**図 8.9**、断面写真を**図 8.10** に示す。また、バリが残ったまま銅めっきされた不良を**図 8.11** に示す。図 8.11 の不良は、反対側の穴コーナーには穴ダレも確認される。

銅めっき処理前のパネル表面に異物があると銅めっきは下地銅箔と密着せず、また、スルーホール内に異物があると穴内の脱気ができないため、銅めっきが付かず不良になってしまう。前工程において、このような異物を付着させないような改善が必要であるとともに、この研磨工程でも異物を付着させないような管理が必須である。

パネル表面に付着した異物が取り切れず、それが回路形成工程でエッチングレジストとなりパターンショートとなった例を**図 8.12** に示す。

図 8.13 はスルーホール内の異物が核となり銅めっきが析出した、めっきノジュールである。穴加工条件の見直しと、この研磨工程での水洗条件の見直しも必要である。

図 8.14 は、穴に引っ掛かったバフカスが原因となった異物づまりの写真であり、その異物を FTIR 分析（フーリエ変換赤外分光分析）した結果、バフカス成分と同じだったことを示す赤外吸収スペクトルを**図 8.15** に示す。バフカスをパネルに付着させないためには研磨中および研磨後の水洗条件の見直しが必要である。

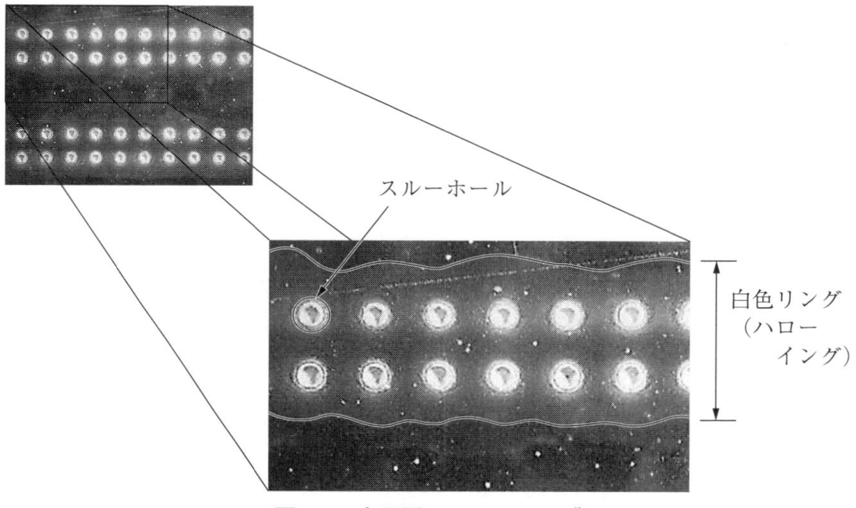

図 8.7　穴周囲のハローイング

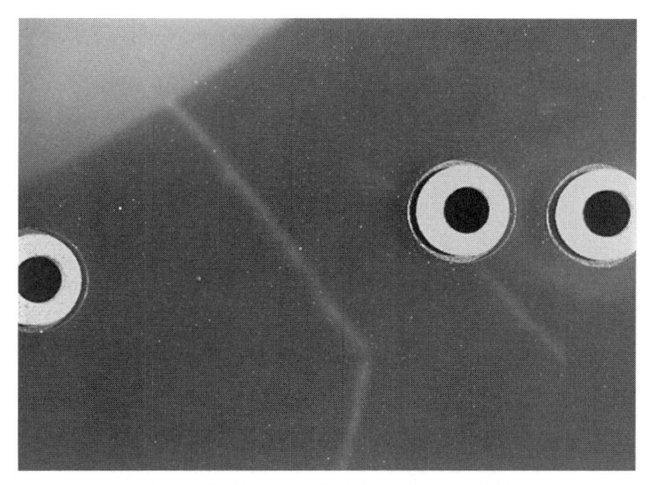

図 8.8　外層面から見える黒化処理面の傷

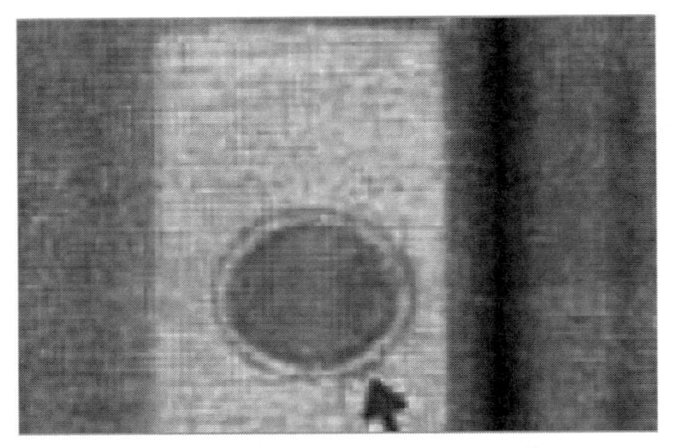
図 8.9　穴周囲のバリが原因の銅めっき後の盛り上がり（1）

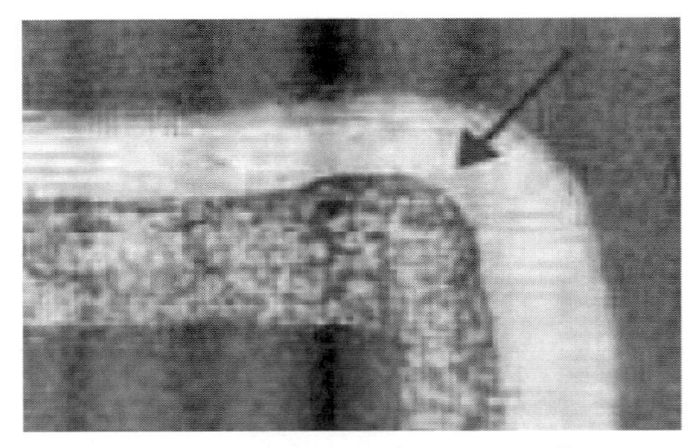
図 8.10　穴周囲のバリが原因の銅めっき後の盛り上がり（2）

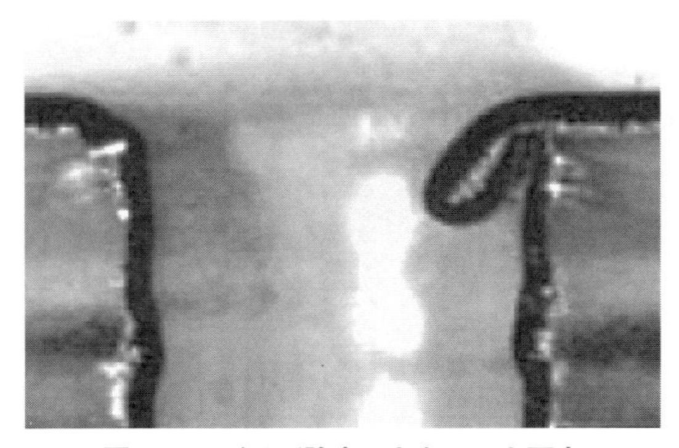
図 8.11　バリが除去できなかった不良

図 8.12　銅めっき前のパネル表面の異物が原因となるショート不良

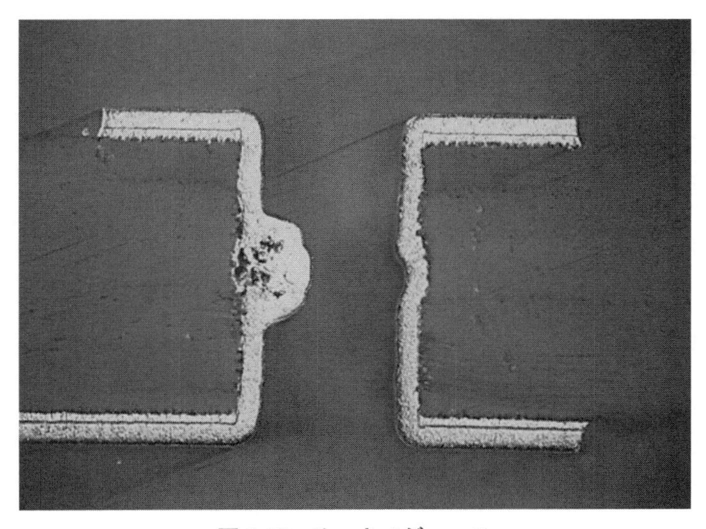

図 8.13　めっきノジュール

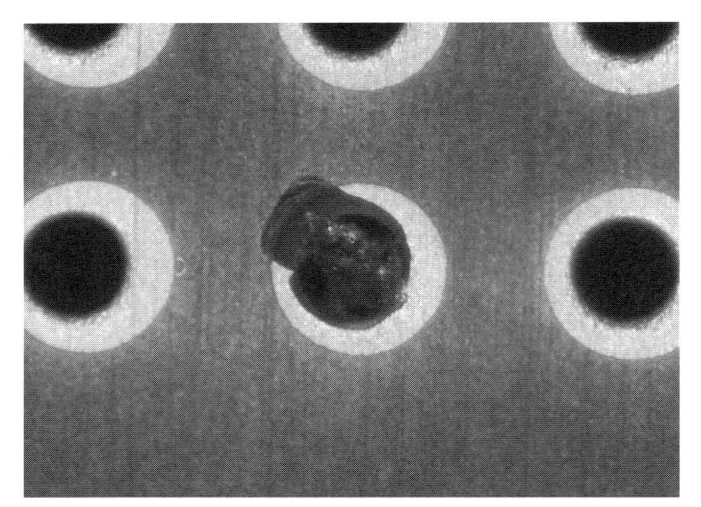

図 8.14　バフカス詰まり

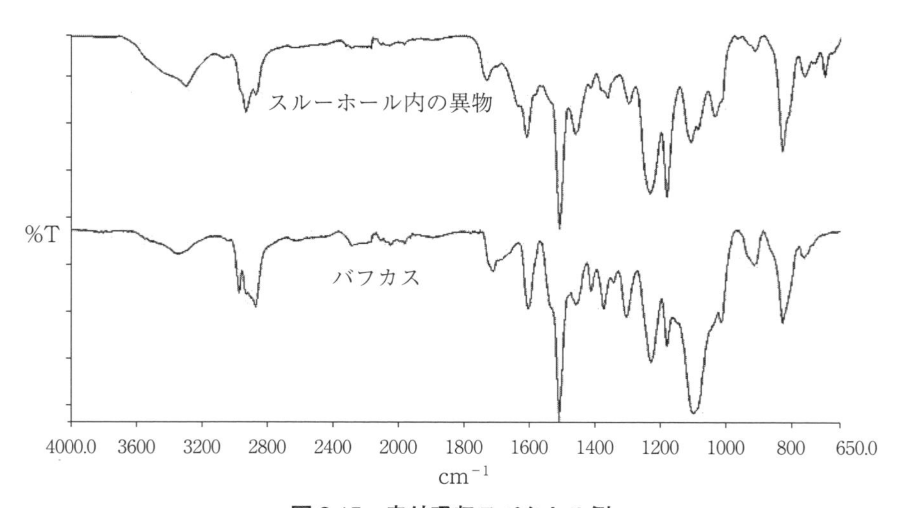

図 8.15　赤外吸収スペクトル例

8.2.4　めっき後研磨（ブツ・ザラ研磨）

銅めっきで発生したパネル表面の突起物（ブツ、ザラ）の部分は、回路形成にてパターンオープンまたはパターンショート不良になる可能性がある。

銅めっき前研磨にて発生したスクラッチ傷（**図 8.16**）だけでなく、銅めっき前のパネル表面に大きな傷があると、その部分が核となり銅めっきにて突起物（ブツ）に成長する。傷が原因でブツになった写真を**図 8.17**、このようなブツが原因となりパターンショートになった不良の例を**図 8.18** に示す。

銅めっきの前処理の水洗水の汚れによりパネル表面に藻が付着し、それを核として銅めっきが成長することがある（**図 8.19**）。藻が確認されるようならば、水洗水の殺菌等の対策を講じる必要がある。

また、穴バリおよび穴内に異物があると、穴埋め工程において樹脂の充填不足が発生することがある（**図 8.20**、**図 8.21**）。特に小径穴の場合、充填力や穴内空気の脱気力が非常に大きくなるため、小さな異物でも不良となる可能性が高い。

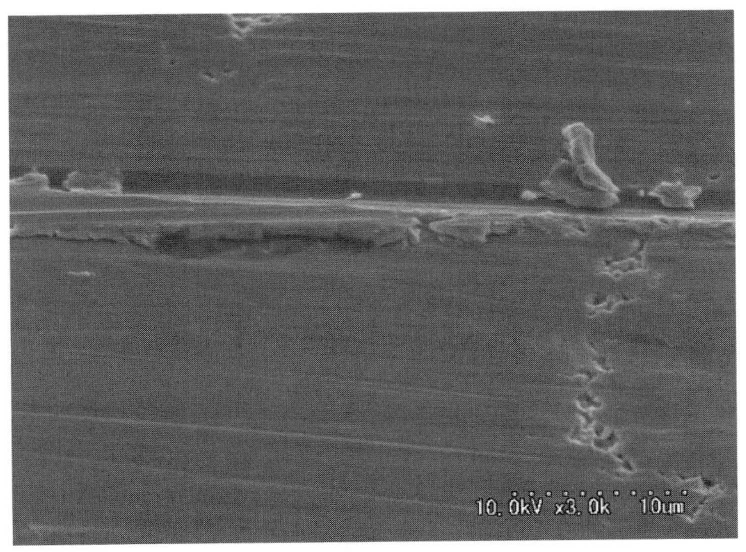

図 8.16　研磨で発生したスクラッチ傷

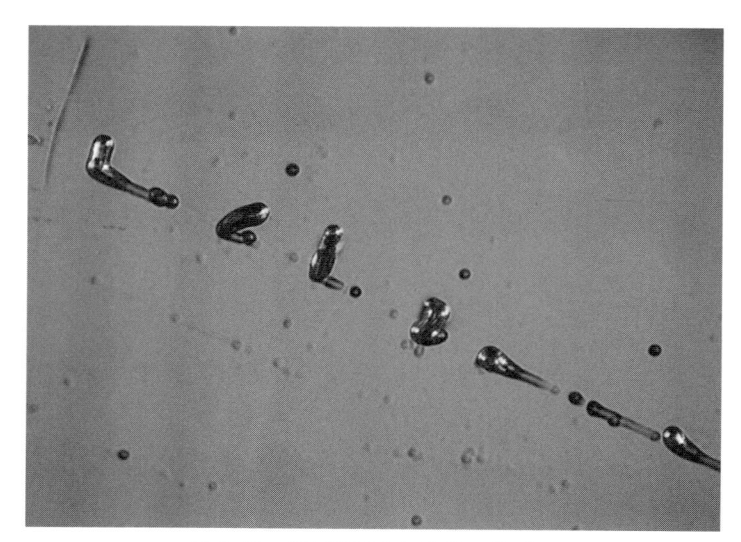

図 8.17　傷が原因となるめっきブツ

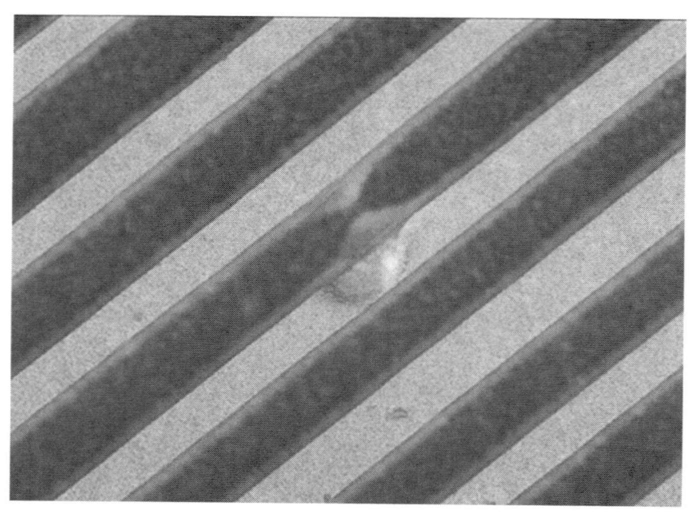

図 8.18　めっきブツが原因となるショート不良

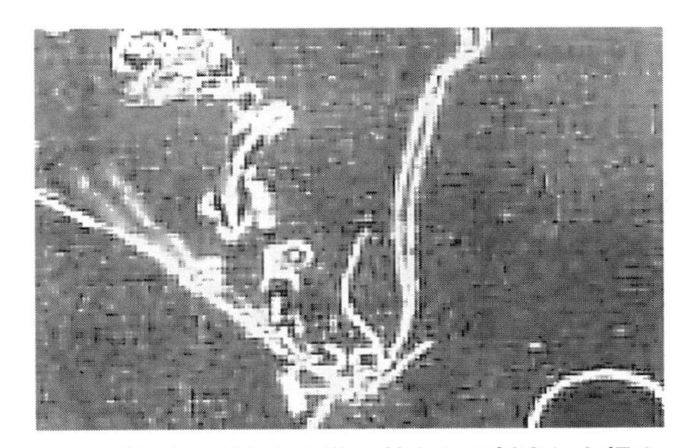

図 8.19　パネルに付着した藻を核として析出した銅めっき

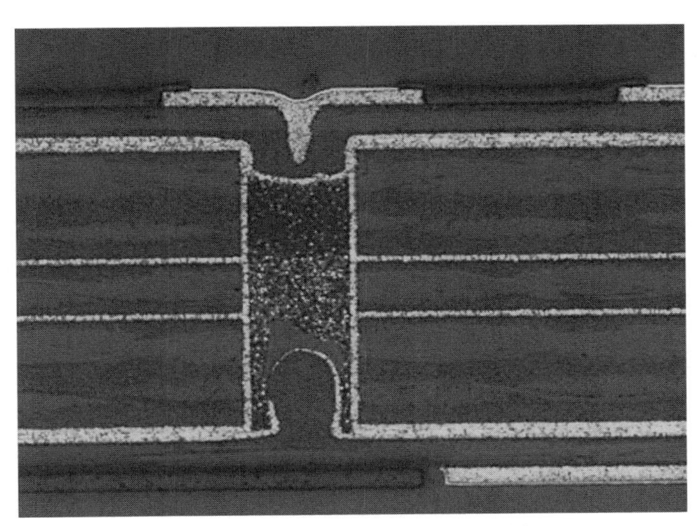

図 8.20　穴埋め樹脂の充填不良（1）

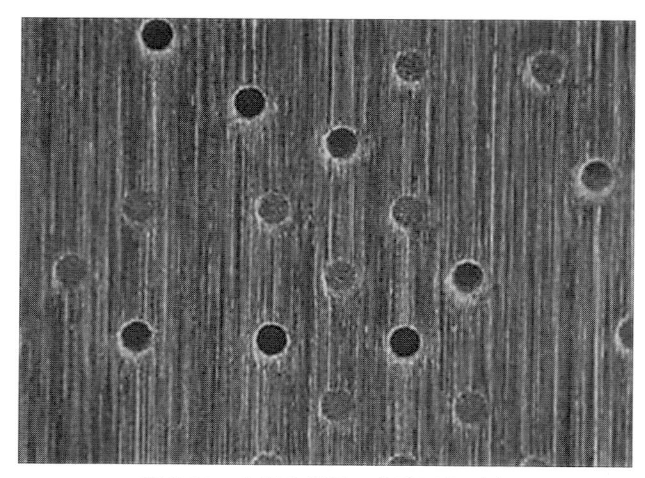

図 8.21　穴埋め樹脂の充填不良（2）

8.2.5　露光前処理研磨（回路形成）

この研磨工程より前の工程での不具合は回路形成工程のエッチング後にパターン不良として顕在化する。

他の項でも述べた通り、パネル表面に付着した粘着異物や露光阻害異物はパターンショート、パターンオープン、欠け、突起不良等の発生要因となるが、この工程の研磨では排除できない異物等も多いので、きめ細かな解析と前工程での対策も必要である。

例えば、銅めっき後の研磨で除去できなかった大きなブツは、この工程でも除去できずに回路形成後も残ってしまう可能性が高い。**図 8.22** に回路形成前後でのブツの状態を示した。

8.2.6　ソルダーレジスト前処理研磨

パターン形成後の研磨加工では細目の不織布バフを使用することがあるが、押し圧が高い場合、**図 8.23** のようなパターンショートの原因となる「ヒゲ」が発生する場合があるので注意が必要である。

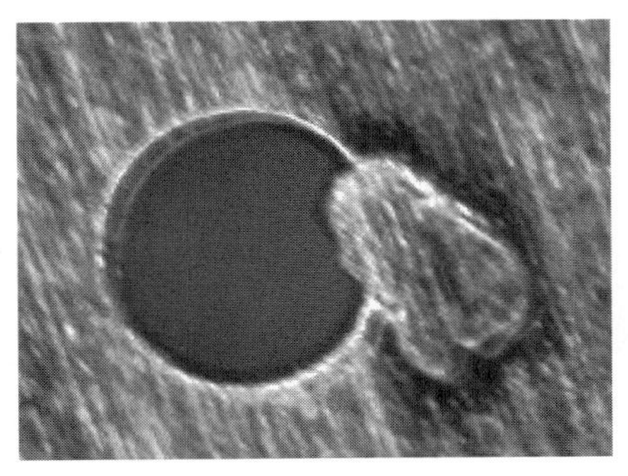

（回路形成前）

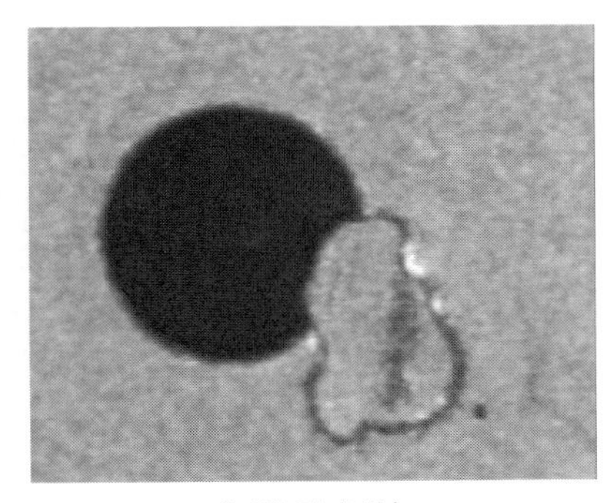

（回路形成後）

図 8.22　回路形成で除去できなかったブツ

図 8.23　ショートの原因となるパターンのヒゲ

8.3　研磨不良の対策

研磨工程そのものはシンプルであり、不良になるケースは比較的少ない。また、良い研磨加工が行われたとしても、前工程での不良が残っていたのではやり切れない。各工程の取り扱い不良対策やクリーン化対策が必須であり、作業者のレベルアップも欠かすことができない。

8.3.1 現場作業者のエキスパート化

現場の作業をよく知り、常に製造装置の側にいる優位性を生かし、競合の差別化につなげることは非常に重要である。図8.4の内容を参考にし、実践してほしい。

8.3.2 静電気による不良の対策

乾燥した寒季に、全体が銅箔に覆われているパネルのように、静電気容量の大きい基板を安易に枚数カウントなどを行うと、引きはがしによる静電気で不良になることがある。

対策としては、次の作業方法を参考にしてほしい。

① アースに接続した銅板の上で枚数カウントする。

② アース銅線に接触させ除電してから枚数カウントする。

8.3.3 粘着テープ糊の付着対策

粘着テープの使用をできるだけ制限し使用量を大幅に削減する必要があるが、どうしても使用する必要がある場合は次のことを検討する。

① 粘着テープ使用職場を限定する（使用許可職場表示要)。

② 洗浄可能な糊を使用する。

③ 糊除去作業を入念に行う。

8.3.4 銅屑圧着痕、異物圧着痕の対策

パネルの重ね枚数を規制することが良い。

8.3.5 銅めっき工程での藻の付着対策

めっき液や洗浄水のクリーン化（液中異物除去）が必須である。

コラム

銅張積層板のESD（静電気放電）対策

ESD（Electrostatic Discharge＝静電気放電）というと、電子機器関連では、帯電した人体が電子機器や電子部品に触れたときに放電が起こり、電子機器・部品を破壊するという現象が有名である。そこで、プリント回路の実装工場などでは、人体にアースをとる、床や靴は導電性のものを用いて人体の静電気を逃がす、作業台には導電マットを敷きアースに繋ぐ、などの厳重な対策がなされている。このように電子機器の製造、電子部品の取り扱いでは、ESD 対策に関する知識は普及しているが、プリント配線板の製造でも ESD には注意が必要である。

銅張積層板のように、エポキシ樹脂のような誘電材料を 2 枚の銅箔が挟んでいる平行板コンデンサー構造になっているものは、静電気による障害が起きやすい。人体に蓄積した静電気ではなく、銅張積層板に蓄積された静電気が原因になる。静電気により絶縁破壊をおこし、放電によって溶けた銅が回りに飛散するという現象が発生することがある。

研磨工程自体は、水洗水を多く使用する湿式の機械研磨および水溶液を用いた化学研磨であるから、静電気が蓄積されることはない。しかし、研磨後の水洗乾燥で水分はすべて除去され、ローダー・アンローダーなどのマテハン機器で、積み重ねられたり、収納されたりして、静電気が貯まりやすい状態になる。

実際の ESD による不具合の事例（観察例）は次のようなものがある。

- 銅張積層板に発生するケースが多い。
- 破壊状態は銅箔部分が熔融し、破壊の瞬間にその熔融銅が飛散し周辺に付着する現象である。
- これらの現象は、低湿度の低温環境で発生している。シンガポールや台湾、中国南部などでは発生しない。
- 発生時には、かなりの光を発生する（暗い場所ではかなり目立つ状況で明るくなる）。

- 発生するパネルは大きく、静電気蓄積容量の大きいものである。

実例を**図 8.24** に示す。対策としては、

- アースを確実にとる。
- 導電性の収納容器を用い、静電気を蓄積させない。
- 装置（特に乾燥機とマテハン機器）は除電を考慮した設計にする。
- 湿度管理をおこなう（加湿器）。
- イオン発生型除電機器を設置する。

などがある。

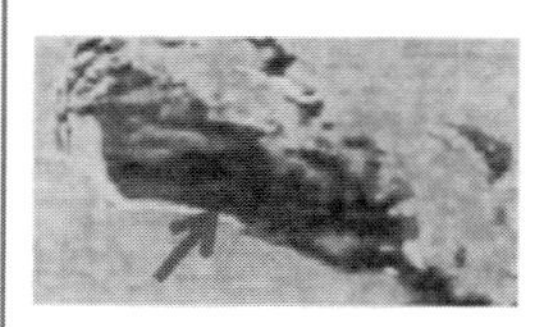

(1) ESDによってできた傷

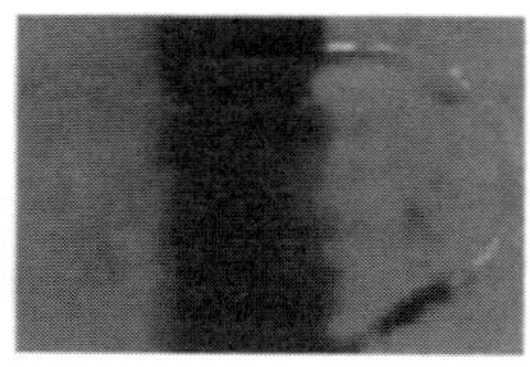

(2) ESDによる溶融した銅がリング状に付着した突起

(3) リング状に転写した溶融銅に印刷されたソルダーレジストのムラ

図 8.24 ESD による不良事例

8.4 研磨の重要ポイント

① 研磨面に凹凸があれば良い研磨はできない。

② 凹凸があっても研磨で除去すればよいと考えるのは誤りである。

③ 可能な限り凹凸の無い状態の面にすることが良い研磨にするポイントである。

④ 研磨する前にまず平らな面を作る努力を怠ってはならない。

8.5 不良対策投資は必ず回収すること

ものづくりをしていて、ほとんど良品を作っているのに、どうして2～3％の不良を無くせないのか？　とても残念というよりは情けないと思わなければならない。

不良対策費用は、泥棒に追い銭という言葉そのものである。
もっとはっきり言えば、不良対策費は投資する必要のないお金である。
対策費をかけたからと言ってその企業の利益が増えると言う事にはならない。
最初から歩留まり 100 %を実践するべきである。
つまり、不良対策費の回収は必須義務であると考えて欲しい。
皆さんの品質会議にそんな雰囲気があるだろうか？

あとがき（監修者からのことば）

かねて、プリント配線板製造技術における回路形成工程の4部作すなわち、めっき・エッチング・研磨・露光工程について出版を計画しておりましたが、このたび、研磨について出版出来ることになり、これで3作が完成する運びとなりました。

出版計画に際し、プリント配線板製造工程に於ける研磨の目的、技術等について、既に小林正様が、JPCAニュースにその必要性など、基本的な技術を発表されていますので、この資料をベースに最新の技術を加え研磨の全てを網羅いたしました。

最近のプリント配線板は高密度、高精細、高精度を要求され、また高多層化への対応も加わり、製造当事者はめっき・露光・エッチングおよび研磨の各工程をリンクさせ、品質の向上、生産性の向上を図る必要が有ります。

また、日々進化する技術に加え、業界の国際競争の中にあって、ダントツものづくりに寄与することを願っています。

出版にあたり、多くの業界関係者の皆様から資料の提供を頂き、また、執筆のご協力を賜りました皆様に感謝すると共に、厚く御礼申し上げます。

2018年5月

神津邦男

用語解説

本文中で詳しく説明できなかったプリント配線板の品質不良・欠陥・不適合関連の用語を取り上げ、語義、関連情報などを解説する。

ショート short circuit

本来は接続していない独立した複数の電気回路が接続されること。短絡とも言う。導体パターン間のショートのことを特にパターンショートと言う。完全に接続していないが、回路間の絶縁抵抗が規定値以下に低下することは絶縁不良と言う。

断線 open circuit

本来は接続しているべき回路が接続されないこと。オープンとも言う。導体パターンの断線をパターン断線、あるいはパターンオープンと呼ぶ。スルーホール（スルービア）の断線は、スルーホール断線と呼び、パターン断線とは区別して扱う。

疑似断線 pseudo open circuit

ほとんど断線の状態ではあるが、わずかに繋がっていて、電気検査（布線検査）では発見されない不良をいう。電気検査では発見できず、顧客に納入された後にはんだ付けなどによる熱応力により断線を引き起こす。基板メーカーにとって最も忌まわしい不具合である（例：192 ページの図 8.2 の下側の導体）。

スルーホール内に化学研磨液（マイクロエッチング液）などが残っていて、スルーホール内の銅めっき層を徐々に腐食した（ただし断線までには至らなかった）場合もこの不良になる。

不具合品流出防止対策として、最終製品のプリント配線板をリフロー炉に通して熱応力による断線発生を故意に発生させてから電気検査（布線検査）というスクリーニング法を実施する基板メーカーもある。

なお、通常「疑似××」と言う言葉は、「まるで××と同じように思えるが実は違う」という意味になるが、疑似断線の場合はこの本来の意味とは少し異なり、「潜在的断線」の意味合いが強い。

打痕（だこん）、圧痕（あっこん）dent

別の物体が打ちつけられたり、押しつけられた場合に表面に発生する凹み。異物が挟まり発生する場合も多い。後の工程で異物は除去され、凹みだけが残る。

スクラッチ scratch

ひっかき傷、擦り傷。鋭利な物体で表面を擦ることで出来た傷。

打痕やスクラッチが銅表面にあると、その上に形成したエッチングレジストの下に空隙ができることになり、エッチング液が浸入して、意図しないエッチングが発生し、断線や疑似断線の原因となる。

ブツ・ザラ不良　lumps／nodules, roughness

表面が平坦であるべきめっき層に出来た突起物をブツと呼び、多数の小突起物がある程度広い範囲の表面に発生し、表面形状が粗くなる（ザラザラになる）ことをザラと呼ぶ。ブツ・ザラと並べて使う場合が多い。

JIS H 0400「電気めっき及び関連処理用語」(1998) は用語「ざらつき」を「めっき浴中の固体浮遊物がめっき層に入り込んで生じる小突起」と定義している。

ひげ whisker

一般的にはショートを発生させるような針状の導体をいう。切削、研磨で発生した銅の切り屑に起因する場合がある。英語では whisker であり、原意は動物の（人間以外の哺乳類の）ひげである。

このような形状の導体のなかでも、応力起因で単結晶が成長したひげ状の結晶（錫、亜鉛などで顕著）の意味の用語は、特にウィスカー（あるいはホイスカ）と訳される。

スリバー sliver

一般的には細長い小片の意味。プリント配線板では、ショートを発生させるような細い（短冊状の）導体をいう。特にエッチング後の導体のコーナー部が庇（ひさし）のように突き出していると（オーバーハングがあると）、物理的衝撃によって折れてスリバーを生成する場合がある。

シミ spotting, stain, water mark

湿式処理の水洗乾燥後に、表面が斑点状、あるいは帯状に変色すること。

表面に残った水が蒸発するときに濃縮し、水中に浮遊していた異物（当初から水中にあったもの、あるいは塵埃などの空中の浮遊物が水中に溶け込んだもの）が表面に残ってできる。あるいは、水洗処理でも処理液が完全に希釈できず僅かに水中の残っていた成分が蒸発濃縮により濃度を増し、表面の銅と反応して変色させる場合もある。

加熱乾燥に入る前に、蒸発濃縮を起こすような量の水を表面に残さないことが重要である。吸水ロール、エアーナイフなどを有効活用して防止する。

ハロー現象、ハローイング haloing

機械的衝撃、あるいは化学的腐食によって、穴の回りの領域が白くあるいは銅色に変色する現象をいう。Halo は太陽や月の回りに表れる暈（かさ）、後光、光背を意味する。

機械的にはプレス加工による穴あけ後に穴の回りに発生する内層部の剥がれ、あるいは外形加工後に外形線に沿って発生する内層の剥がれを言う。

化学的には、めっき工程中に腐食性の薬液（無電解銅めっき工程で用いる塩酸酸性の触媒化液、電気銅めっき工程の硫酸銅めっき液など）が穴の回りの黒化処理膜（黒色酸化皮膜、ブラックオキサイド皮膜）を溶解して出来る。黒化処理膜が溶解されたあとリング状に銅の素地の色が見えるため、化学的要因のハロー現象をピンクリングと称する。

ここで取り上げていない専門用語に関しては、『プリント回路技術用語事典』（第3版，日刊工業新聞社，2010）を参照されたい。

索　引

【あ】

【か】

【さ】

【た】

【な】

【は】

【ま】

【や】

【ら】

【わ】

【英】

◎著者略歴◎

小林　正（こばやし　ただし）

1931年生。1954年、京都大学工学部電気工学科を卒業。同年三菱レイヨン㈱（現三菱ケミカル）に入社。1963年、菱光電子工業㈱（三菱レイヨンとカナダ企業との合弁会社）の設立時に出向し、草創期にあっためっきスルーホール両面板、多層板の開発に携わる。以降、三菱レイヨンと菱光電子でプリント配線板の技術開発、生産にあたる。1994年、小林技術事務所を設立し、プリント回路関係の技術調査、コンサルティング等に従事。

著書として「ぷりんとばんじゅく　新入社員のためのプリント配線板入門」「同　ビルドアップ配線板入門」「電子回路学習テキスト　製造＆営業ハンドブック（共著）」「電子回路ってなあに？」（以上（社）日本電子回路工業会（JPCA）刊）、「プリント板と実装技術　キーテーマ＆キーワードのすべて」（共著）、「入門　プリント基板の回路設計ノート」（共著）（以上日刊工業新聞社刊）がある。

雀部　俊樹（ささべ　としき）

1974年東京工業大学工学部電気化学科を卒業、東京芝浦電気㈱（現 ㈱東芝）に入社。プリント配線板の製造技術、研究開発、工場設計、プラント輸出に携わる。1988年同社を退社、日本ディジタルイクイップメント㈱（日本DEC）入社。プリント配線板調達、品質管理、業者認定に携わる。1998年同社を退社、シプレイ・ファーイースト㈱（現ローム・アンド・ハース電子材料㈱）入社。2006年同社を退社、荏原ユージライト㈱（現㈱JCU）入社。2007年同社を退社、㈱メイコー入社、プリント配線板製造技術開発、知財に携わる。2011年同社を退社。2012年雀部技術事務所設立。著書として「本当に実務に役立つプリント配線板のエッチング技術」（共著）2009年、「プリント回路技術用語辞典（第3版）」（共著）2010年、「本当に実務に役立つプリント配線板のめっき技術」（共著）2012年（すべて日刊工業新聞社刊）がある。

片庭　哲也（かたにわ　てつや）

1998年茨城大学工学部電気電子工学科卒業。同年、日立マクセル㈱に入社。光磁気ディスク、光学部品の生産技術、品質管理に携わる。2011年同社を退社し、高砂製紙㈱に入社。電気設備の保守、機器更新を行う。2012年同社を退社し、㈱ケミトロンに入社。エッチング、めっきのプロセス開発に従事。

秋山　政憲（あきやま　まさのり）

1978年日本大学理工学部工業化学科卒業。同年、リズム時計工業㈱に入社し、金属ベース基板等の製造および生産技術に携わる。1987年同社を退社し、山梨アビオニクス㈱に入社。高多層基板の生産技術を担当。2002年同社を退社し、日本シイエムケイ㈱

に入社。日本シイエムケイマルチ㈱にて、品質改善および生産技術を担当。2007年同社を退社し、翌年㈱ケミトロンに入社。エッチング装置、めっき装置の開発、評価に従事。著書として「本当に実務に役立つプリント配線板のエッチング技術」（共著）2009年、「本当に実務に役立つプリント配線板のめっき技術」（共著）2012年（共に日刊工業新聞社刊）がある。

長谷川　堅一（はせがわ　けんいち）

1936年9月生まれ。1960年3月国立北海道大学工学部卒業。4月日東鉄工㈱入社（機械設計主任）。1970年10月㈱日立製作所に入社。1971年11月㈱日立製作所より分離独立した日立建機㈱に入社（仙台サービス工場長、本社サービス技術副部長）。1993年3月和田電子工業㈱入社（代表取締役）。1995年6月日立化成エレクトロニクス㈱入社（副技師長）。8月アケボノテクノス㈱入社（代表取締役社長）。1997年6月定年により代表取締役社長退任、顧問となる。著書に「ぷりんとばんじゅくX　プリント配線板品質レベルアップの具体策」2008年、「電子回路基板の品質・信頼性解析」第2版2016年（以上(社)日本電子回路工業会刊）「本当に実務に役立つプリント配線板の品質改善技術」2013年（日刊工業新聞社刊）がある。

◎監修◎

神津　邦男（こうづ　くにお）

1957年國學院大学文学部卒業。秋元産業㈱入社、めっき薬品の販売に従事。1962年秋元産業㈱機械事業部長を兼務し秋元工業㈱（現日本工装㈱）設立、専務取締役として計装機器の製造販売に従事。1966年東洋技研工業㈱を設立、常務取締役に就任。建材用自動アルマイト装置を開発し製造販売。1970年プリント配線板の自動めっき装置（VCP）を開発し製造販売。1997年㈱アルメックス副社長を退任、1998年㈱ケミトロン社長に就任。プリント配線板のめっき装置及びエッチング装置の製造販売。

◎査読◎

今関　貞夫（いまぜき　さだお）

1946年生、千葉県出身。1969年信州大学繊維学部繊維工業化学科卒業、日本染色㈱、日本ユニゲル㈱を経て1975年㈱伸光製作所に入社。以後、水質関係公害防止管理者を25年間兼務しながら製造技術・開発技術・品質管理・製造設備設計・工場建設・技術営業・環境管理・特許調査などに長年従事し2004年退職。1989年よりプリント配線板製造技能検定試験検定委員として2007年長野県知事賞を受賞。2013年厚生労働大臣功労賞を受賞。NPOサーキットネットワーク監事。信州大学学士山岳会所属。

「本当に実務に役立つ
プリント配線板の研磨技術」
書籍サポートページ
http://jisso.jp/books/kenma/

本当に実務に役立つ
プリント配線板の研磨技術　NDC541

2018年5月29日　初版1刷発行　（定価はカバーに表示してあります）

© 著　者　小林正　雀部俊樹　片庭哲也　秋山政憲　長谷川堅一
監　修　神津　邦男
発行者　井水　治博
発行所　日刊工業新聞社
〒103-8548　東京都中央区日本橋小網町14-1
電　話　書籍編集部　03（5644）7490
販売・管理部　03（5644）7410
ＦＡＸ　03（5644）7400
振替口座　00190-2-186076
ＵＲＬ　http://pub.nikkan.co.jp/
e-mail　info@media.nikkan.co.jp
制　作　日刊工業出版プロダクション
印刷・製本　美研プリンティング

落丁・乱丁本はお取り替えいたします。
2018 Printed in Japan
ISBN 978-4-526-07850-7　C3054